好妈妈一定要懂的
儿童习惯心理学

王光梅 ◎著

台海出版社

图书在版编目（CIP）数据

好妈妈一定要懂的儿童习惯心理学 / 王光梅著. —北京：台海出版社，2018.9

ISBN 978-7-5168-2076-6

Ⅰ.①好… Ⅱ.①王… Ⅲ.①儿童心理学—通俗读物 Ⅳ.①B844.1-49

中国版本图书馆CIP数据核字（2018）第192866号

好妈妈一定要懂的儿童习惯心理学

著　　者：王光梅

责任编辑：曹任云　童媛媛　　　　装帧设计：仙　境

版式设计：马宇飞　　　　　　　　责任印制：蔡　旭

出版发行：台海出版社

地　　址：北京市东城区景山东街20号　　邮政编码：100009

电　　话：010-64041652（发行，邮购）

传　　真：010-84045799（总编室）

网　　址：www.taimeng.org.cn/thcbs/default.htm

E-mail：thcbs@126.com

经　　销：全国各地新华书店

印　　刷：玉田县昊达印刷有限公司

本书如有破损、缺页、装订错误，请与本社联系调换

开　　本：710mm×1000mm　　　　1/16

字　　数：227千字　　　　　　　印　张：17

版　　次：2019年2月第1版　　　　印　次：2019年2月第1次印刷

书　　号：ISBN 978-7-5168-2076-6

定　　价：39.80元

前　言

　　家长总是说"不能让孩子输在起跑线上"，于是尽可能地给孩子提供各种丰富的条件，以满足其成长需求。可是家长往往忽略了，在多数情况下，让孩子输在起跑线上的却是他们在成长过程中养成的习惯。比如说有的孩子从小养成了讲卫生、懂礼貌的好习惯，他们以后都会是一个要求自己衣着整洁、待人有礼的人，好习惯为他们塑造自己的良好形象开启了第一步，相比较不爱讲卫生、礼貌概念缺乏的孩子来说，前者就已经具备了优秀、成功的基础。所以家长应当重视起培养孩子的好习惯这个问题，不要让孩子在习惯方面"输在了起跑线上"。

　　俗话说"行为决定习惯，习惯决定性格，性格决定命运"，一个孩子习惯的养成来源于他们平时在生活中的行为表现，也跟年龄、性格和气质有关。从心理学的角度来讲，孩子日常生活中的行为习惯，会在潜移默化中影响到他们的思维习惯，思维方式的不同就会使得他们的选择、决策不同，进而养成不同的习惯；每个孩子的性格、气质不尽相同，也会影响他们的习惯的养成，比如外向型性格的孩子具有做事果敢的习惯，内向型性格的孩子通常有着做事认真、细致的习惯；孩子在成长的每个阶段，心理水平发展不尽相同，这也会让他们在不同的年龄表现出一些与之相符的习惯特征。因此，家长可以根据孩子的年龄，从孩子的行为表现，以及性格、气质等方面着手培养其良好的习惯。

　　谈到孩子的习惯问题，家长可能会列举出很多孩子已经养成了的好习惯，也会提出在孩子身上出现的坏毛病，比如孩子有认生、人来疯、多动等习惯，家长就会感到头疼，不知所措。相信很多家长非常需要一本指导手

1

册,来帮助他们了解孩子的内心,引导孩子培养好习惯。如何帮助孩子克服坏毛病,培养起良好的习惯呢?家长必须要知道孩子的心理需求和习惯的养成之间是有很大关联的。

很多家长可能并不了解,孩子的习惯和心理需求有什么样的关联。其实孩子养成某个习惯,最初都是因为他们在某方面或某几个方面产生了一定的心理需要,而这些内心诉求没有得到满足,才会导致坏习惯的养成。比如孩子有认生的习惯,那么很可能就是父母给孩子建立的安全感不足,孩子比较依赖父母,且生活范围狭小等原因造成的。孩子的心理需求影响着他们的行为,行为慢慢就会演变成习惯,家长想要从根本上帮助孩子导正坏习惯,就要了解他们内心的真实诉求,让孩子的心理需要得到满足,这样孩子才可能真正改掉坏习惯,慢慢培养起良好的习惯。

为了能够让广大家长更系统、更全面地了解孩子的心理,我们在《好妈妈一定要懂的儿童习惯心理学》中将孩子普遍出现的行为习惯与他们的心理需要进行了分析,并提出了若干指导方法,希望对家长们有所帮助。这本书的主要内容是根据孩子的习惯分析其心理需要,包括导致孩子养成某些习惯的原因,这些材料能够很好地帮助家长理解孩子的内心想法,促使家长思考应该如何平衡孩子的心理需要。上篇内容集中分析了孩子身上出现的各种习惯及其心理,着重于陈述事实和分析原因,下篇内容针对孩子出现的异常习惯作分析比较,着重提出一些方法,以供家长参考使用。

这本书的主要特点就是根据孩子的习惯性表现,分析导致该习惯养成的原因和孩子内心真实的心理需要,在文章结构上采用了举案例、列原因和提方法等形式,部分内容之后还有链接知识,用于丰富主题和拓展家长对孩子习惯培养的知识,相信是家长阅读参考的首选。

最后,希望这本书能够给家长培养孩子优良习惯有所启发和帮助,也希望家长能够真正走进孩子的内心,耐心导正孩子的异常习惯,愿家长和孩子都能受益!

目录
Contents

上 篇

解读孩子的习惯表现，
了解习惯背后的心理秘密

★ ★ ★ ★ ★

Part 01
天生的气质，后天的习惯

 家里有个"小猴子"——多血质的孩子

我们每个人与生俱来都有着属于自己的独特气质，这是我们心理活动动力的特征。在近代科学中有很多关于人的气质的理论研究，以人的行为表现、反应速度和情绪感受等为研究方向。虽然目前学术界尚未有一个明确的统一的见解，但是在心理学中有一个比较流行的分类方法，就是多血质、胆汁质、黏液质和抑郁质这四种气质类型。

其中，多血质的孩子就是我们常说的性格外向的孩子。他们朝气蓬勃，充满活力，而且有着广泛的兴趣爱好，能够以热情饱满的态度去对待他人，可以很轻松地适应任何一个陌生环境。多血质的孩子总是愿意尝试新鲜的事物，有着很强的适应能力，而且思维也十分活跃。

蒙蒙很喜欢和妈妈一起参加活动，不论是家庭聚会，还是朋友聚会，蒙蒙都会央求妈妈带自己一起去。这并不是蒙蒙太腻着妈妈，而是因为蒙蒙很喜欢那种社交的氛围。聪明可爱的蒙蒙在很小的时候，面对陌生人就从来不会感到拘束，总是能够很轻松地融入到任何的环境中去，和陌生人也能一见如故、相谈甚欢。

有一次，妈妈的单位组织一项活动，蒙蒙也央求着妈妈带自己同去。在活动中，无论蒙蒙走到哪里，都是整个活动的焦点。很快，整个活动的参与者都认识了这个"开心果"，纷纷向蒙蒙妈妈表示羡慕。但蒙蒙妈妈心中却在暗暗叫苦：这哪里是个"开心果"，分明是个"小猴子"。

因为，蒙蒙妈妈的同事们只看到了蒙蒙优秀的一面，却没看到他让人发愁的一面。蒙蒙活泼开朗的性格很得大家欢迎，但是在家中却没有一刻能安静下来。蒙蒙把大部分的时间精力都用在了社交上，而在学习上却没有多少踏实劲头，做事只有三分钟热度，完全没有耐心，而且有时还会不服父母的管教，犯了错误也固执己见。所以蒙蒙的妈妈总是发愁，认为蒙蒙除了拥有一张巧嘴外，其他地方很难让人满意。

在孩子眼中，天下没有100分的父母，在父母眼中也是如此，从来都没有100分的孩子。有些父母总是埋怨自己的孩子太过内向、冷静，而很羡慕那些活泼外向的孩子，殊不知在那些外向孩子的父母眼中，他们的孩子也让人十分头疼，总觉得家里就像是养了一只"小猴子"，不知道下一步就会闹腾出什么花样来。

故事中的蒙蒙就是典型的多血质气质的孩子。虽然多血质气质的孩子拥有很多优点，但是他们身上也存在着很多让父母感到头疼的毛病。

其中最常见的就是多血质的孩子做事通常只有三分钟热度，总也踏实不下来，很难长时间地把注意力集中在同一件事情上，总是会很轻易地转移到其他地方去，兴趣和感情也总是容易发生变换。虽然他们具有很强的可塑性，但是他们做事情习惯不认真、不讲求质量、不追求完美。如果是让他们做一些没有挑战性或者比较乏味的事情，他们大多很难完成。比如让孩子静下心来学习一样乐器，让孩子先完成假期作业之后再玩等，这些都是很困难的事情。因为他们一贯的做事风格比较外露，所以很难在某一件事情上有比较深刻的体验。

另外，多血质的孩子还比较固执己见，生气的时候会表现得非常愤怒。即便是犯了错误也会坚持自己的意见，有时甚至会表现出非常任性、霸道的一面。在家里的"小猴子"，到了外面就变成身披战甲的齐天大圣。比如孩子在学校里会时常违反纪律，自由散漫起来简直是老师眼中的"刺头儿"。这都是源于他们对自己情绪的控制力的缺乏，让他们神经特点中的情绪兴奋性特点持续高涨，不懂得压抑自己的情绪，才会习惯于凭着性情做事。

这些毛病并不只是一时的表现，而是在气质主导下的习惯性行为，这种由气质带出来的根源性的习惯表现，是很难改变的，也就是我们所说的"江山易改，禀性难移"。但是在此要重点提示：气质的本身并不存在好坏之分，也不能因此而决定一个孩子的社会价值和人生走向。只不过不同的气质类型会对孩子的习惯表现和行为方式的态度和做法起到不小的影响。

所以我们需要了解清楚孩子先天的气质，才能因材施教，培养孩子后天的习惯，让他们成就自己的非凡人生。多血质的孩子如果教养得当，会让孩子成为乐观向上，有勇气有韧性的人才；相反，如果对孩子的习惯表现一味纵容，则可能让孩子养成注意力不集中的习惯，不懂得吃苦耐劳的精神，做事虎头蛇尾，性格变化无常。

多血质孩子的表现习惯自测

每题 3 个选项：（A）比较符合自己的情况——3 分；（B）中间状态——2 分；（C）不太符合自己的情况——1 分。

1. 到一个新环境很快就能适应。

2. 善于和任何人交流、交往。

3. 在大多数情况下能够有积极乐观的情绪。

4. 从来不会在人群中感觉受到了过分的约束。

5. 思考问题和理解问题总是能够比别人快上一步。

6. 符合自己兴趣的事情，干起来劲头十足，否则就不想干。

7. 对于那种需要耐心、细致的事情很厌烦。

8. 学习时间稍微延长一点儿，就会感到十分厌倦。

9. 能够很快忘记不愉快的事情。

10. 能够同时分散精力去注意到几件不同的事物。

11. 对于变化大、花样多的事情十分有兴趣。

12. 对于不得不做的枯燥活动，会表现出很低落的情绪。

评价方法：如果全部得分高于 20 分，则为比较典型的多血质气质类型；如果全部得分高于 10 分，则为一般型多血质气质类型；如果全部得分低于 10 分，可能为其他气质类型，如黏液质、胆汁质或抑郁质（详见后文）。

 ## 冷静、固执的"小大人"——黏液质的孩子

谈到"黏液质"的孩子，他们有着稳重的"小大人"气质，平常都很安静，动作缓慢，不急不躁，善于与人相处，即使是独处也能自得其乐，而且非常低调，不会惹是生非，不轻易干涉他人，还能客观地看待事物。不过，黏液质的孩子也有自己的缺点，他们虽然能客观冷静地处理问题，但是思维不够活跃，比较保守、固执。

香香是一个五岁的女孩，她平时很安静，在很多人面前讲话的时候就会不自觉地感到害羞，但是她很喜欢和每个小朋友在一起玩耍，每次小伙伴提出请求，她都不会拒绝，并且尽可能地想办法完成。比如有一

次，香香和四岁的男男在一起玩耍，男男是邻居阿姨家的孩子，男男和香香相处得很愉快，可是男男回家时，非常想要借走香香最喜爱的玩具小熊，显然香香也很喜欢自己的玩具，有些不情愿的样子，但是她低头思考了一会儿，还是笑嘻嘻地把玩具递给了男男。

又有一次，香香和弟弟发生了矛盾，弟弟因为不满意姐姐的行为而放声大哭了起来，香香很淡定地安慰弟弟道："不要再哭了，我想我做得已经很好了，你这样做是没用的，即便是爸爸妈妈来了也没用！"结果弟弟不再哭闹了，他们自然也就和解了。

当然，很多时候香香也会很固执，相比较和小伙伴一起疯玩疯闹，她更喜欢安安静静地待在家里自己玩耍，父母常常建议她要多和大家在一起玩耍，多交一些朋友，可是香香还是愿意自得其乐地玩耍，还会找各种借口回避妈妈提出的问题。

黏液质孩子最大的特点就是有稳定的情绪，他们不会轻易因为各种诱因而分心，能够严格地恪守自己的行为准则，尽管他们能够敏锐地感受到周围的变化，但仍会采取客观明确的处理方式。这种"小大人"的气质总是能给人留下稳重、做事不卑不亢的好印象，但是他们不会轻易把自己的心扉完全向别人打开，所以一般不会将自己的情感外露，更不会夸大其词地显现自己的才能。因而他们很受他人的欢迎，能够持久地做好自己本职的事情。

但是，他们极其容易陷入固定的思维模式当中，因为他们在习惯了某一种处理问题的方式之后，就会固执地用同样的方法去解决一切问题。这种"思维定式"是指之前的活动造成的一种对类似或相同的活动的特殊心理准备状态，或是解决问题的倾向性。从一定意义上说，思维定式可以帮助人们根据当前面临的问题快速地找到应对的方法，这是一种按照常规处理问题的思维方式，可以省去很多摸索、试探的步骤，缩短思考的时间，提高解决问题的速度和效率。这种固定的思维模式有利也有弊，弊端是会让思维产生惰性，养成机械解决问题的习惯，所以黏液质的孩子习惯墨守成规，往往不太容易涌现新的思维，这就是他们固执、不善于变通的原因。

为了帮助孩子学会变通，父母可以培养孩子多方面的兴趣，带他们尝试各种新鲜事物，接触各种各样的人，开阔眼界、增加知识积累、扩大思维范围。当孩子的知识面拓宽后，他们思考问题的方向就会变得更加灵活，就不会被定式思维捆绑住手脚。另外，兴趣和好奇心是孩子思维的突破口，他们越是对一件事物感到好奇，就越有兴趣去探索和发现，所以家长可以充分利用这一点，鼓励孩子多提问，保护好孩子的好奇心，还可以和孩子一起寻找答案。比如，爸爸妈妈可以和孩子一起去观察大自然，当他们提出问题时，可以让他们自己先给出一个答案，让孩子能够充分发挥想象力，即便孩子的解释是荒诞的，也要鼓励孩子进行思考，这样孩子就会慢慢养成爱思考、从不同角度探索问题的好习惯。

黏液质孩子总会给人沉闷的"小大人"的感觉，虽然这让成年人感到很放心，但是在他们身上总感觉少了孩子应有的天真和活泼的气质，所以他们需要变得活泼开朗一些。这与他们的生长环境关系密切，父母可以为孩子营造出一种轻松幽默的家庭氛围，常常给孩子制造一些出其不意的惊喜，让孩子的个性慢慢发生改变。还有，如果孩子生活的环境能充满亲情、友情的和谐气氛，家里和学校如果总是能充满欢声笑语，孩子也会变得乐观、幽默。幽默给孩子带来的不仅仅是微笑，还有乐观的精神，这样孩子即使是在面对困境时，也能顺利地渡过难关。

如果孩子能够在成长的过程中拥有这些新鲜的体验，那么他们也一定能够克服固执、不会变通的缺点，喜欢上这个充满变化的世界。

黏液质孩子的表现习惯自测

每题3个选项：（A）比较符合自己的情况——3分；（B）中间状态——2分；（C）不太符合孩子的情况——1分。

1. 善于倾听，能够客观地分析问题，能够很好地与人相处。

2. 注意力集中，不容易分心。

3. 好奇心强，喜欢花样多、变化大的游戏。

4. 大多数情况下乐观开朗，只有少数情况会消极懈怠，但是很少在大家面前表现出来。

5. 不喜欢讨论问题，喜欢动手解决问题。

6. 喜欢安静的环境，不喜欢疯玩疯闹。

7. 遇到让人气愤的事情也能很好地控制住自己的情绪。

8. 做事有条不紊、不卑不亢。

9. 不做没有把握的事。

10. 很少发脾气，情感不外露。

11. 能长时间从事单调的工作。

12. 有耐心，肯埋头苦干。

评价方法：如果全部得分高于 20 分，则为比较典型的黏液质气质类型；如果全部得分高于 10 分，则为一般型黏液质气质类型；如果全部得分低于 10 分，可能为其他气质类型。

 ## 点火就着的"小炮仗"——胆汁质的孩子

炎炎从小就是一个活泼的孩子，他每天似乎总是精力满满，只要醒着的时候就会有事情可忙。邻居来家里做客，他都是第一个跑去开门。他非常喜欢热闹的环境，只要是人多的地方，都想过去凑凑热闹。在学校里也一样，他对小朋友都十分热情，愿意把自己的东西拿来分享，而且总是能够主动地帮助别人，很受大家的欢迎。

可是，炎炎也总是能制造出一连串的麻烦。比如，老师安排他去完成一项任务，可是还没等老师说完，他就急着跑走行动起来了，当进行到一半时，才意识到自己没有听完老师全部的吩咐，这才回头去找老师帮忙。老师也很无奈，只好再重复一遍。炎炎就是这样一个毛毛躁躁的孩子，有时还特别嫌弃别人不急不躁的样子，大家都拿他没有办法。

还有一次，炎炎看到妈妈在做家务，非常积极地说："妈妈我来帮你吧！"妈妈和蔼地笑着说："好啊！那擦桌子的事情就交给你了……"炎炎一边答应着，一边就开始准备动手干活了。过了一会儿后，妈妈来检查炎炎的工作，来到房间看了一下，眼前的一切让妈妈惊呆了——炎炎把家里所有的桌子都擦了一遍，桌子上的用具都摆在了地板上。妈妈也不知道该说什么是好。

炎炎是一个脾气火爆的孩子，稍有不顺心的事情就会大发脾气，就像一个点火就着的"小炮仗"，而且发泄的方式还很吓人，要么就是声嘶力竭地哭，要么就是使劲地摔东西，直到筋疲力尽后才肯罢休，但是不久后又会恢复成一个热情似火的孩子。

炎炎就是这样一个性情直爽的孩子，他身上拥有典型的胆汁质气质：热情似火，喜欢交朋友、讲义气、爱打抱不平，总是能第一时间和他人拉近距离，让大家不由自主地喜欢上他。这些都是这类孩子的优点。但是胆汁质的孩子性情急躁，做事易冲动，常常不经过思考就急于采取行动，这是他们最大的缺点。另外，由于胆汁质孩子性情冲动，所以他们的情绪不太容易控制，高兴时非常激动，不高兴时就很懊恼，不过他们不稳定的情绪来得快去得也快，而且只要有新的事物出现，他们的注意力很快就转移了。

胆汁质孩子不喜欢他人干涉自己的行为，尤其是不和他们商量就做出决定是坚决不能允许的，所以他们喜欢自己做决定，即便是错误的也很开心。如果别人强加给他们一些要求，他们一定会反抗到底。胆汁质孩子有时很容易生气，在他们心情糟糕的时候，千万不要去招惹他们，否则他们爆发出来的破坏能力是非常惊人的，最好的方式就是让他们尽情发泄，等到他们的情绪恢复稳定，自然也就能平静下来了。

很多家长可能会认为，孩子小的时候比较任性，等他们长大一些就好了。可是对于胆汁质孩子来说，他们难以控制的情绪并不会随着年龄的增长而有太大的改善。他们遇到事情时，还是很容易冲动，即便是智力提升和日益增长的经验能对他们的决定有所影响，但是仍然不会改变他们行动总在思考前的老毛病。

因此，很多家长可能会问，是什么原因让孩子养成了"点火就着"的性格？我们对胆汁质孩子性情急躁、做事易冲动的习惯来做一些分析：

首先，胆汁质孩子脾气火爆，这与家长的性格有很大的关系。家长性情易冲动，看到孩子发脾气时很容易不由自主地生气，孩子也会感染到父母的情绪，情绪一旦上升就会不受控制地爆发出来，这样对孩子的健康成长是不利的。所以家长首先要掌握控制自己情绪的能力，不要让自己的情绪影响孩子。只有这样，孩子在自我发展的基础上，才能吸收到其他方面的积极的影响，一点点地发生变化。

其次，孩子做事易冲动，可能是因为想引起家长的关注。现在有些家长很忙，他们没有太多的时间陪孩子，回到家中也只是忙自己的事情。这样孩子的内心就会感觉到不被父母关注，觉得自己是多余的，所以做事时很少会顾及他人的感受，而这样的方式很容易引起家长的注意。家长就会想办法干涉孩子的行为，这时孩子的心理就得到了满足。这样，孩子慢慢就养成了不好的习惯，通过不当的方式来吸引父母的注意。

另外，孩子一旦感觉孤单，不受重视，就会通过发脾气来让爸爸妈妈对自己妥协。如果这个时候，父母为了不让孩子做出更加不理智的事情，就选择无条件"投降"，满足孩子的一切要求，孩子尝到了发脾气带来的好处，他们下次想要达到什么目的的时候，或者父母不能满足自己的愿望的时候，就会通过发脾气来逼家长就范，达到自己的目的。在这样的循环中，孩子在不自觉的情况下就养成了乱发脾气的恶习。

再次，导致孩子脾气火爆的一个很重要的原因来自家庭中父母的关系不够亲密。通常，如果父母的关系和睦，孩子会培养起温和的脾性；如果在一个家庭中，爸爸妈妈的相处不愉快，遇到一点儿小事也通过吵架来解决，孩子在这样的环境下，总是会怀疑自己会不会随时被父母抛弃，产生不安全感，这样孩子就很容易通过发脾气来平衡自己内心的不满。所以妈妈和爸爸一定要注意给孩子营造温馨的生活环境，孩子只有在平和、安静的环境下，才有机会让自己的内心得到放松，缓解易动怒的不好习惯。

最后，胆汁质孩子属于享乐型性格，他们不愿意接受坏情绪的烦扰，所以遇到烦恼的事情，只会通过"火山爆发"的方式来让自己释怀，这与他们的性格有关。当然，胆汁质孩子精力旺盛，他们也会通过宣泄等方式来消耗自己多余的精力，实现内在的平衡。

所以，我们在此提醒每一位家长，管理好自己的情绪，给孩子做好榜样，并且要努力营造温馨、安静的生活环境，多陪伴孩子，和他们一起玩耍，只有这样才能够给孩子最大的安全感。孩子能够感受到父母的关爱，内心很丰盈，遇到情绪不好的时候就能自己消化，而不是通过不好的方式宣泄，就不至于养成动不动就发脾气、做事急躁的习惯。

胆汁质孩子的表现习惯自测

每题 3 个选项：（A）比较符合自己的情况——3 分；（B）中间状态——2 分；（C）不太符合自己的情况——1 分。

1. 喜欢争辩并且力求取胜，如果对方赢了就非常气馁。

2. 做事莽撞，不考虑后果。

3. 精力旺盛，总是招惹麻烦。

4. 喜欢热闹的场面，爱表现自己。

5. 接到任务，总想着用最快的速度完成。

6. 情绪高涨的时候，做事很有热情；情绪低落的时候，则对什么都不感兴趣。

7. 常常会因为一件小事火冒三丈，事后又觉得没有必要。

8. 喜欢当机立断，不能容忍磨磨叽叽。

9. 容易出口伤人，自己却不以为是。

10. 不能克制自己的火爆脾气。

评价方法：如果全部得分高于 20 分，则为比较典型的胆汁质气质类型；如果全部得分高于 10 分，则为一般型胆汁质气质类型；如果全部得分低于 10 分，可能为其他气质类型。

 # 胆小又敏感的"小兔子"——抑郁质的孩子

每个孩子都有独特的气质，在谈到抑郁质气质时，不由自主地想到了多愁善感的林黛玉。林黛玉身上有着典型的抑郁质气质。抑郁质的孩子情感细腻，胆小却又敏感，所以很多时候他们像是生活在自己的小世界里，因而给人留下行为孤僻的印象。

人们说气质是天生的，但其实并非如此。孩子的气质是以先天条件为基础的，但会受到后天环境的影响而发生改变。

其实，孩子的气质是表现他们内心活动强度、灵活性等方面的一种稳定的心理特征，与他们生活的环境和家长的培养方式有关。比如有的孩子很小的时候就很安静，生活很有规律，对周围的环境又很敏感，自我控制的能力比较好，所以家长就可能会忽视孩子的心理成长。当他们再次注意到这些不引人注目的孩子时，发现他们身上已经具备了抑郁气质，这就会让人们误以为是天赐的禀赋。

晓晓是一个内向的孩子，她平时很少出门玩耍，即便是在和大家一起相处时，也不会主动跟人家聊天。有时候和小朋友或是大人说话，都会不由自主地脸红，所以她每次看到不熟悉的人来，都会先躲起来，渐渐熟悉了之后才会一起玩耍。她非常喜欢听奶奶讲故事，尤其是听到奶奶讲卖火柴的小女孩之类的故事时，还会忍不住掉眼泪，十分动情地说："她好可怜，要是我能帮助她就好了……"

别看晓晓年龄小，可是特别懂事，知道哪些事情是不可以做的，哪些事情会有危险，所以从来都不会有冒险的举动。似乎这些都不用爸爸妈妈教，她自己就知道轻重，而且她的脾气、性格都很好，很少会有大哭大闹的情况发生，做什么事情时都是小心翼翼的，爸爸妈妈对她很放心。

晓晓还特别喜欢小动物，她在家里饲养了小金鱼、小兔子，她每天都会精心地照料这些小动物，还常常自言自语地跟它们说话，好像她非常喜欢这样的生活。后来她的小金鱼死了，她还忍不住哭了起来……开始时爸爸妈妈觉得孩子乖巧听话挺好的，可是越来越觉得孩子有些太过温顺了，这样下去不利于孩子的发展，所以想让她变得开朗一些。可是改变孩子的性情不是一件容易的事情，他们应该怎么做呢？

抑郁质孩子大多比较胆小，不爱说话，不喜欢陌生环境，不善于与人交往，这是他们最典型的特征。通常抑郁质的孩子都十分敏感，他们能够敏锐地察觉到身边环境的改变，尤其善于察觉到细微的变化。这些细微之处的变化会引起一系列的情感和心理的变化，因而他们的情感非常细腻，是很多人所不能及的。因为他们的内心活动比较多，所以一般都具有丰富的想象力，爱幻想也是他们的特质之一。抑郁质孩子常常会感到自卑，所以说话做事都小心谨慎，生怕说错话或做错事受到惩罚，这源自他们内心的极度不自信。由于他们缺乏勇气和不善于变通，所以常常显得冷漠、孤僻，甚至给人高傲的感觉。

实际上，抑郁质孩子的内心是非常渴望与小伙伴和谐相处的，只是他们不善于表达自己，也不懂得展示自己最优秀的一面，所以当别人不能理解自己时，他们通常都会选择怯懦地离开或逃避，长此以往，他们就失去了锻炼自己的机会，在别人眼里的印象也就被固化了。所以抑郁质孩子在给人一种特有的神秘感的同时，常常也会让人觉得他们有些冷漠和孤僻，好像永远都无法靠近一样。

在漫长的成长过程中，他们因为很少和别人交往，所以习惯性地从外界获取信息要比输出信息多很多，因而他们非常敏感，能够察觉到很多常人需要用很多时间才能体会到的细微变化。这一点既是优点也是缺点，优点是他们能够根据情况的发展及时做出改变，缺点是容易滋生很多不必要的假设和幻想，有时这些想法是无意义的，而且还会耗费时间和精力，对身体和心理的健康不利。

胆小、自卑是抑郁质孩子最大的桎梏，造成这一特征的原因在于他们追求完美，总是会给自己很大的心理压力，每当面对失败时，他们最容易感到灰心气馁，担心会被他人嘲笑、看不起。孩子的自卑感归根结底是内心深处缺乏安全感的表现，他们总是感觉自己不被关心，得不到大家的喜欢，所以自信心一点点受挫，慢慢就变得胆小而又自卑了。

家长一定要注意，抑郁质孩子有一个通病就是特别在意别人的眼光。因为抑郁质孩子总是很敏感，特别在意细节，所以往往会被一些小问题绊住手脚，比如听到别人对自己有不好的评价，就会陷入自我否定的情绪中，因此"说者无心，听者有意"的情况常常会在他们身上发生，有时甚至别人的一个眼神都会让他们浮想联翩。这是他们需要克服和改变的，否则不利于自身发展，也对心理健康不利。

另外，抑郁质孩子的自尊心特别强，他们时刻想要追求完美，获得他人肯定的评价，但是世界上并不是所有的事情都是完美无缺的，不过抑郁质孩子不容易想清楚这一点，比如他们会因为一个简单的小问题而陷入反复思考、比较的恶性循环中，但结果却是无意义的，因而常常会犯庸人自扰的错。

但是，抑郁质孩子在很多方面是非常优秀的，比如做事小心谨慎，有时能在关键时刻提出好的意见，而且他们有很好的自控能力，能够约束好自己，这是很多孩子都不具备的。所以家长要善于引导孩子扬长避短，发挥性格中好的潜能，避免不良的影响因素。

抑郁质孩子的表现习惯自测

每题 3 个选项：（A）比较符合自己的情况——3 分；（B）中间状态——2 分；（C）不太符合自己的情况——1 分。

1. 遇到事情总是优柔寡断。

2. 遭遇失败时容易一蹶不振。

3. 碰到危险的情况，会处于极度恐惧中。

4. 对新知识接受慢，但是理解后不易忘记。

5. 感觉烦闷的时候，别人的开导所起到的作用不大。

6. 喜欢安静独处，不喜欢热闹人多的场合。

7. 喜欢和情感细腻的人相处，喜欢描写心理的文章。

8. 见到陌生人会感到特别紧张和拘束。

9. 不善于向他人吐露心事，总是自己慢慢琢磨。

10. 比大多数人容易感觉疲惫，精力不旺盛。

评价方法：如果全部得分高于 20 分，则为比较典型的抑郁质气质类型；如果全部得分高于 10 分，则为一般型抑郁质气质类型；如果全部得分低于 10 分，可能为其他气质类型。

Part 02
透过习惯表现看孩子的情绪心理

 0~3岁，是孩子难舍的情感依恋期

我们知道，爸爸妈妈与孩子之间建立良好的依恋关系对孩子来说非常关键。依恋关系的建立不是很快就能形成的，它需要经历一个漫长的过程，而成年人持续地照顾孩子，是孩子获得安全感的重要途径。在孩子0~3岁这一阶段，也是孩子和爸爸妈妈建立情感依恋的重要时期。

刚刚出生不久的小婴儿还什么也不懂，可是他们就能识别妈妈的声音和身上的气味。小石头出生不满百天，吃、喝、拉、撒都要妈妈来照料，小家伙非常依恋自己的妈妈，哭闹时只要妈妈把他抱起来，立刻就变得很安静了。有时候陌生的叔叔阿姨想要抱抱他，他却一个劲儿地哭闹，就连爸爸抱也不喜欢。小石头肚子饿了，就会咧开嘴巴哇哇大哭，妈妈准会第一时间跑来喂他吃奶。吃饱后的小石头就会安安静静地进入梦乡……

在爸爸妈妈的悉心照料下，小石头长大了很多，他开始能认得出爸爸妈妈的脸盘，只要有一段时间看不到妈妈的脸，听不到妈妈的声音，他就会觉得不安。开始是左顾右盼，找不到妈妈时就会变得焦躁起来，然后就是止不住地放声大哭，直到听到妈妈的安慰声时，他才能从悲伤的情绪中缓解出来。

孩子对父母的依恋，是他们成长中形成的第一个关系，这对孩子的身心健康都非常重要，因为这一种关系显示出了保护、爱和安全。另外，这个关系通常来说是一个持久的联系，在孩子的整个童年时期乃至一生都起到相当重要的作用。如果孩子能够有比较固定的依恋对象，那么他们之间建立起来的稳定关系就是比较持久和可靠的，反之孩子的情感依恋就容易受到威胁，不利于他们的心理健康成长。

孩子在 0～3 岁时形成的依恋关系值得家长关注并用心呵护。父母首先要保证孩子能有比较固定的依恋对象，应该极富热情和耐心，用最好、最细致的关怀和爱护来对待自己的孩子，让他们能够健康茁壮地长大。在这一过程中，孩子就能够与爸爸妈妈建立起非常牢固的信任关系，当孩子长大后，他们自然也愿意去相信他人，给予他人关心和爱护。反之，如果父母不能亲自带孩子，或者照顾孩子的人总在变，那么孩子就很难建立起稳定和安全的依恋关系。而且依恋对象突然离开，再由陌生的人接管，孩子不仅会缺失安全感和对关爱的满足感，而且会产生巨大的心理落差，这对孩子的个性和气质都有负面的影响。

爸爸妈妈如果能和孩子建立起依恋和信任关系，知道孩子的需要并且能够很好地满足他们，孩子能得到充足的安全感与信赖感，长大后自然是乐观自信的。如果父母对孩子的需求不敏感，经常让孩子的期望落空，那么孩子对周围的人和世界都会持有不信任和怀疑的态度，长大后也就变得不相信人、冷漠，悲观、多疑。

　　孩子需要充满爱心的照顾，家长需要充分了解孩子身心发展的规律，通过孩子的习惯来了解他们的想法。父母要善于发现孩子发出的需求信号，比如哭闹表示身体不舒服，不停地伸展双臂是想要拥抱，不停地咿咿呀呀是感到烦闷了想要有人跟他们说话或逗他们开心……这些互动能促进孩子与外界的沟通。尤其是在孩子哭闹的时候，父母的安慰和有效的满足能够增强孩子的信赖感，如果父母置之不理，不采取任何措施，其实也就阻碍了亲子之间的交流。因此，父母与孩子的互动越多，孩子与父母的情感加深得就越快，孩子的智力成长得也就越快。

　　当然，很多父母会担心让孩子产生太多的依赖并不完全是好事，他们迟早会摆脱父母的照顾，独立成长。如果孩子太依赖父母，会影响孩子的自发成长。这种担心不无道理，所以父母在照顾孩子的时候，就应当学会对孩子的需求延迟满足。比如当孩子有所需求时，父母可以先用声音和肢体语言做回应，让他们知道爸爸妈妈已经听到了他们的呼唤，然后再去满足孩子的需要。让孩子学会等待，能有机会为自己建立一个过渡期和缓冲带，等到他们需要依靠自己的力量成长时，也不至于因为过于依恋父母而产生心理落差。而父母让孩子学会等待，会对他们的心理健康、智力发育和其他各方面的潜能发展都产生积极的促进作用。

　　另外，在孩子成长到两岁左右时，他们会进入一个反抗期，此时孩子非常希望摆脱大人的控制，自己去探索世界。而这个时期也是家长培养孩子摆脱依靠、独立面对的最好时期，这个时候家长最好不要过度地干涉孩子的行动，让他们能够自由地活动，依靠自己的能量去发现和探索。慢慢地，孩子能够通过自我得到安全感，这对孩子以后顺利地建立起自信心也是非常有帮助的。

　　综上，其实0～3岁的孩子处在最初的成长阶段，他们在这段时间最需要的还是来自爸爸妈妈的关爱和照顾，父母大可不必担心孩子会因为过于依恋而难以摆脱的问题，他们需要与父母和亲人有较多的情感接触。

多拥抱孩子吧，因为孩子的成长总是那么急促，稍不留神孩子就已经长大了。

依恋关系的特征

依恋可以定义为对特定的人的持久的感情联系，这种联系具有以下特征：

1. 有选择性的，即集中在某些特定的人身上，这些人引发的关系在方式和程度上都是其他人所不具有的；

2. 涉及寻求身体接近，就是要努力保持与依恋对象的接近性；

3. 提供安慰和安全感；

4. 能够产生分离焦虑，如果这个关系受损，无法获得接近。

受到不良抚养的儿童的依恋关系

调查者对受到不良抚养的儿童形成的依恋关系进行了评价：在陌生的环境中，与其他儿童相比，受到不良抚养的儿童的安全依恋感极低——大约是15%，而其他儿童是65%。这样的孩子似乎在关系中不能发展任何一种持续的关系，他们一会儿表现出接近父母，一会儿又表现出躲避和抵抗，恐惧和不解交织在一起，根本没有积极的情绪。与同伴的关系总是"不是打就是跑"，或具有高水平的攻击性，或是躲避和退缩。受虐儿童可能在成年后去虐待别人，把情绪失常传到下一代。另外，不良抚养可能导致很多心理疾病，如抑郁、压力失常、行为混乱等。

 妈妈身后剪不断的"小尾巴"

对于绝大多数年幼的孩子来说，妈妈永远是最心爱、最棒的人。妈妈会无微不至地照顾孩子，时时刻刻陪伴着孩子，陪他们玩耍、教他们学习，常常给他们鼓励和关心，妈妈的角色是没有第二个人能够替代的，所以他们总是会黏着自己的妈妈，无时无刻都想要和妈妈在一起。

王女士有一个三岁大的孩子，她在和朋友聊天的时候，说出了自己"幸福"的烦恼：

我儿子从小就特别黏我，总想让我抱着他、陪他玩，稍微离开几分钟，他就吵着要找妈妈。等他学会走路了，我离开他去忙别的事情，他就会像一个剪不掉的小尾巴一样跟在身后，做家务时跟在站在旁边玩，看电视时也安安静静地坐在身边陪着看，就连上厕所也要跟到卫生间，仿佛每一刻钟都要看到妈妈的身影，否则就觉得不安心一样，真的拿他没办法……

今年孩子已经三岁了，可他还是习惯黏着我，为了让孩子变得独立些，我把他送到爷爷奶奶家住，可是爷爷奶奶说我不在的时候，孩子总是吵着："妈妈什么时候回来呀？她多会儿来接我呢？"对于我来说，孩子爱我、喜欢我，我特别高兴，可是我担心孩子过度地黏着妈妈会阻碍他的成长，所以想要听一听有经验的妈妈们是如何处理这些问题的。

孩子依赖妈妈是非常正常的事情，妈妈每天都会为他们做好吃的饭食，准备干净漂亮的衣服和鞋子，陪他们到公园溜滑梯，接送他们到幼儿园学习，在孩子伤心难过的时候也总是妈妈陪在他们身边，给他们温暖和支持，孩子遇到麻烦，也总是妈妈第一时间赶来为他们提供帮助。妈妈对孩子无微不至的照顾和无私的爱，是孩子在成长中最需要的东西。所以孩子依赖妈妈并不是什么让人头疼的事情，妈妈也无须担忧，孩子是上天赐给妈妈最好的礼物，妈妈要珍惜这段彼此相依相爱的日子。但是，孩子出现以下情况就需要注意了。

他们不喜欢和别的小朋友在一起玩耍，不让爷爷奶奶靠近，甚至常常拒绝爸爸的关爱，只偏爱和妈妈待在一起。这样的相处方式就有些偏激了，常常会给家长带来强大的压力，尤其会让爸爸感到非常无助，觉得孩子不喜欢自己，这样也会影响到孩子和父亲的相处。要知道，妈妈虽然在孩子的成长中担任了无可代替的角色，但是爸爸的努力和付出，也要得到孩子的注意。爸爸通常在孩子心中扮演着伟大人物的形象，能给孩子带来崇拜感，孩子往往会在成长过程中以父亲的形象为目标，希望成为像他们一样的人，所以父亲对孩子的关爱和影响力也是不可或缺的。孩子需要多和父亲相处，这样有利于孩子的全面、健康成长。

需要注意的是，妈妈在引导孩子时，虽然常常会在嘴上说孩子占据了自己的时间，可是内心是很享受被孩子需要的感觉的，潜意识里会更加迎合孩子的这种偏爱——全权处理孩子的一切需求，并把爸爸排除在外。妈妈的这种"孩子比较喜欢我照顾他"的心态，实际上是剥夺了爸爸照顾孩子的机会。因此，妈妈要把照顾孩子的机会分给爸爸，留足够的时间让爸爸带孩子，把帮助孩子解决问题的权利适当交给爸爸，这样孩子也能更加了解自己的父亲，从爸爸身上学到更多。妈妈不要嫌弃爸爸做得不好，要多给爸爸一些赞美，这样爸爸才有信心带好孩子。爸爸的坚持努力照顾孩子，不但可以减轻妈妈的负担，也会最大可能地降低孩子对妈妈的偏爱习惯。

此外，父母应当知道，孩子在三岁左右开始进入情感表达的关键期，他们对情感有了深刻的认知，所以总是会黏着爸爸或妈妈，特别喜欢跟他们在一起，感受来自父母的温暖。并且他们希望爸爸妈妈能把所有的爱都给他们，不能分心，否则就会怀疑父母不再爱自己了。所以父母在忙别的事情时，或是跟其他小朋友亲近时，孩子就会跑过来阻止或是萌生醋意，这些行为表现都是正常的心理反应。

孩子喜欢跟在妈妈身后，是受到了好奇心的影响。因为孩子和妈妈建立起了亲密的关系，他们首先对妈妈的行动很感兴趣，所以妈妈在哪里，孩子就也想去哪里。其次，孩子对外界有了感知，而且具备了行动能力，他们总是想着多去看一看、摸一摸，来满足自己的好奇心，当孩子的探知欲望得到满足后，他们的心理就会感到非常愉悦，所以孩子的好奇心会伴随着依恋关系得到发展。

孩子跟在妈妈身后，是他们表达爱意的一种体现形式。因为孩子的语言表达能力还不完善，他们又不知道该通过什么样的方式表达对父母的喜爱，所以总是会一刻不停地跟在爸爸妈妈屁股后面。当爸爸妈妈给孩子这些表达机会，欣然接受来自孩子的情感表达，积极地配合和回应孩子，孩子意识到爸爸妈妈已经懂得了他们想要表达的喜爱情感时，自然也能安心地去做其他事情了。

特别提醒：面对非常依赖妈妈的孩子，妈妈不要一味地说服孩子，比如说一些"不要总是黏着妈妈""去找爸爸和小朋友玩"，这样的话语和态度会让孩子误以为妈妈厌烦自己了，感觉自己不再被关爱了，失去了安全感，孩子对妈妈的信任感就会降低。孩子本来就将妈妈视为唯一的情感和精神支柱，我们在之前的内容中就已经知道，如果孩子和依恋对象的关系受损，他们的心理也会遭受严重的打击，这样有害于孩子的心理健康。另外，妈妈不要总是顺着孩子的脾性，孩子想要什么就能得到什么，或者太过于迁就孩子的行为和习惯，可以适当采用"无为"的教育方法，让孩子自由地去学习他们所需要的东西，给孩子爱和自由。

类型	陌生环境的习惯行为
安全依恋	儿童显示中等水平的寻求接近母亲； 母亲离开后不安；重聚时积极迎接母亲
不安全依恋：回避型	儿童躲避与母亲的接触，尤其是分离后重聚时； 和陌生人在一起时不是很不安
不安全依恋：矛盾型	与母亲分离时很不安； 母亲回来后不容易被安抚，既寻求安慰又抵制安慰
混乱型	儿童没有显示出应对压力的一致性方法； 对母亲显示出矛盾的行为，如在躲避后又寻求亲近，表现出对关系的不解和害怕

儿童对母亲的四种依恋模式

　　人们会问，是什么原因造成了儿童在依恋分类中的差异？美国心理学家安斯沃思认为，儿童是安全依恋还是不安全依恋的主要原因在于母亲在最早的几个月里对儿童敏感的反应性。也就是说，如果母亲在喂食、游戏或者有压力等情境中以敏感的方式回应孩子，就能表达出一种关爱和在意的态度，让孩子对作为安全基地的母亲的有效性有信心。相反，如果母亲没有提供这种敏感性，就可能无法让孩子形成这种早期的安全性。

 ## 孩子总是不听话：禁果效应

　　我们知道，所谓的"禁果效应"就是越是禁止的东西，人们越想要探究其中的秘密。对于孩子而言，家长越想要他们乖乖听话，而他们则会越不听话。而很多家长都会犯这样的错误，他们想要孩子变得更好，希望孩子能够听从安排，然而在孩子这里却总是事与愿违……

　　小李妈妈："我的孩子现在越来越难管教了，一开始时特别乖，安排做什么事都能按要求做好，现在不论我怎样苦口婆心地劝他，他就是不听话，还常常趁家长不注意，做出让人惊诧的事情。有一次，我要出门一趟，出发前交代孩子要乖乖听话，否则就要接受惩罚。谁知道等我回来时发现，孩子不仅没有按照要求好好做功课，反而把家里弄得乱七八糟。当时我很生气，狠狠地训斥了孩子一顿。孩子保证说以后再不会这样，一定好好听话。可是之后孩子的行为表现越发不好，现在对我和他爸爸的教导非常反感，还常常想要顶嘴，真不知道该如何是好。"

　　某儿童心理专家："这位妈妈，不要着急。这是孩子成长中的过渡期，几乎每个孩子都会在一定期间内出现不听话的情况，只不过看家长如何对待了。家长能正常地看待孩子的变化，并能尊重和帮助孩子，他们就能顺利地度过这段抗逆时期；如果家长总是想要让孩子听自己的话，按照自己的意愿做事，我想这是不尊重孩子的表现。孩子也有自己的想法，他们希望家长能够理解和支持他们，也只有这样做，孩子才能更爱父母，更尊重父母。那样的话，孩子自然也就会听家长的建议，健康顺利地成长！"

在上述小李妈妈和某儿童心理专家的对话中，反映出了很多家长所困扰的事情——孩子不听话。其实家长需要仔细地想一想，是否是自己对孩子的要求过于苛刻，总是想要孩子能够按照自己的意愿去做事，如果孩子稍微做得不好就会发脾气，还时常打着为了孩子好的旗号？我想多数情况下，是因为家长总是要求孩子去做并非发自他们内心意愿的事情才会导致这样的结果。刚开始时孩子愿意顺从父母的安排，是因为他们非常爱爸爸妈妈，希望父母对自己感到满意，可是时间久了，孩子对固定的生活和学习模式产生了厌倦，他们希望能有所改变，而这时父母对孩子的要求还处在一成不变的阶段，孩子感觉到无法适应，所以产生排斥心理是非常正常的。同时，孩子有自己的意识和想法，他们如果不能把这些想法告诉家长，或者得到的是家长的否定，这就会大大地伤害到孩子的心理需要，这时孩子就会本能地对家长产生敌对情绪。

当然，有的孩子自控能力比较好，他们常常会选择顺从父母，但是即便他们努力迎合父母，可心理上依然得不到满足，就会有各种异常的表现，这反而会对他们的身心健康造成影响。

我们来分析一下造成孩子不听话的原因。首先，伴随着孩子一点点长大，他们的独立意识得到了发展。孩子能够意识到自己的感受，他们能够体会到父母是不是关心自己，了解自己，当孩子能够感受到来自父母的关心和理解时，就会知道爸爸妈妈是尊重自己的，那么他们被需要和被尊重的愿望就能得到满足，这样他们也会很愿意配合大人，做一个乖乖听话的孩子。同样的道理，孩子如果提出自己的意见和想法，能够被大人尊重和采纳，孩子就能意识到自己的存在是有价值有意义的，这样他们自身的存在感就得到了满足，不仅愿意听家长的话，而且以后还会更加信赖父母，听从父母的安排，并用心去做好。

其次，孩子不听话与他们的好奇心有很大关系。孩子有强烈的好奇心，他们想要自主地进行探索尝试。同时孩子的自主愿望强烈，希望通过自己的力量去完成。因此面对新鲜的事物时，常常表现得跃跃欲试。这时如果家长总是想要干涉孩子的行为，孩子就会感觉自己受到了束缚，就会极力想要摆脱爸爸妈妈的制约，因此就会表现出家长越是管教，孩子越不听话，甚至还有和父母对着干的现象。

再次，家长总是替孩子做决定，孩子就失去了自己做选择的权力。随着孩子的不断成长，他们的自我意识也在不断提高，他们能够形成自己的一些看法，而如果孩子为自己做选择的机会总是被父母代替，孩子锻炼自己的机会就消失了。虽然家长的出发点是好的，可是这样做往往会令孩子产生挫败感，认为自己一无是处，事事都要依靠父母。长期下来，孩子就会变得叛逆、不听话。所以家长需要做的是尊重孩子的选择，而不是要他们服从你的决定。

孩子在成长过程中，难免会做错事。如果家长总是害怕孩子会犯错而阻止他们，孩子永远也长不大。只有让孩子自己亲自尝试了，遇到困难自己克服了，他们才能从失败中成长起来，变得更坚强独立，并且能够更加理解和敬爱父母。所以，在孩子做错事的时候，家长要做的不是指责孩子，而是要去了解孩子，耐心地询问他们为什么要这样做，并帮他分析这样做的后果，使他们认识到问题的严重性，学会以后如何解决此类问题。

最后，导致孩子不听话的原因，是父母双方不能"统一战线"造成的。比如爸爸能够尊重孩子的自主意识，放手让孩子按照自己的意愿去做事，而妈妈却总是担心孩子做不好，总想着要伸手帮孩子一把。孩子面对这样"不统一"的教育模式，就会产生各种各样的疑问：到底是听妈妈的对，还是听爸爸的对？我们知道孩子的认知能力和判断能力都还很不完善，他们无法做出判断时，自然也只能选择谁的也不听来应对了。这就是孩子不愿意听家长的话，甚至父母越管教，孩子越反抗、越要对着干的原因。

总之，孩子不听话的问题并不都是出在孩子身上。家长遇到这样的问题，第一时间要思考的是自己的教育方式，而不是责怪孩子。当家长能够要求好自己，给孩子做好榜样时，孩子不用管也能健康地成长起来！

测试一下你和孩子的默契程度

家长和孩子的默契程度对亲子之间的关系维护能起到润滑剂的效果，在同一件事情或同一个话题上，如果家长和孩子能够想到一起，能够产生很多共同的情感，那也可以增加孩子对父母的喜爱程度。一起来做小测试吧：

1. 孩子喜欢哪种小动物？

2. 爸爸最喜欢哪种颜色？

3. 孩子最害怕什么？

4. 妈妈的生日是哪天？

5. 孩子有什么梦想？

6. 妈妈最喜欢吃的食物是什么？

7. 孩子最喜欢听的故事是什么？

8. 爸爸最喜欢的电视节目的名称是什么？

9. ——（请你来增加）

如果家长和孩子答对的很少，那么家长就需要多花一些时间来陪伴孩子了。和孩子经常交流，讨论感兴趣的话题，不仅要了解孩子，也让孩子了解你，增加亲子间的默契程度，让孩子和父母彼此更了解对方，是最佳的相处模式。

孩子为什么总是爱说"不"

丫丫是一个特别倔强的孩子，最近一段时间她经常把"不""我就不""不要"挂在嘴边。早晨起床时，妈妈催着丫丫赶快穿衣服，只见她磨磨蹭蹭不肯行动，妈妈越是催促，丫丫就越反抗，还特别生气地说："不要，就是不要。"反而妈妈不催促时，她就会麻溜地穿衣梳洗，特别积极热情地等待妈妈准备好的早餐。还有，妈妈带丫丫去商店购买衣服，妈妈看到一款非常漂亮的童装，咨询丫丫的意见，谁知丫丫摇晃着脑袋，说："不要！一点儿都不好看。"妈妈只好放弃，可是过了一会儿之后，她突然又会想到这个话题，对妈妈说："其实我觉得还不错……"对丫丫的表现，妈妈觉得特别奇怪，好像孩子是故意跟自己作对一样。

丫丫到了幼儿园也是这样子，她和小朋友一起玩耍，如果遇到比自己大的孩子来抢她的玩具，丫丫就会特别强硬地说："不要！你们不许动！"如果她的反抗得不到回应，她就会采取一屁股坐在地上哇哇大哭的方式吸引老师的注意以求得到帮助。有一次，幼儿园到了午休时间，丫丫不想睡觉，不停地在自己的床铺上爬来爬去，老师提醒她"安静休息一会儿"，可是丫丫一边说"不！就不"一边我行我素。为了保证他的安全，老师将她从床上抱了下来，还跟她讲了很多午睡的好处，可是丫丫非但听不进去，还大哭了起来，一个劲地说："就不！就不！"

对于丫丫的倔强和反抗，妈妈觉得束手无策，十分头疼。她不知道孩子为什么总是爱说"不"，难道是孩子性格过于叛逆？只要顺着孩子的意愿就好了吗？

案例中的丫丫所表现出来的反抗行为，而且习惯将"不""不要"之类的话挂在嘴边，其实是她们进入语言学习敏感期和第一反抗期的正常表现。

首先，孩子从两岁以后，自由活动的时间增加了，她们就会开始认知世界，自我意识也变得越来越强，因此她们喜欢自主选择，不喜欢别人来干涉自己的行动。但是这个时候，爸爸妈妈还习惯为孩子安排好一切，希望孩子能乖乖听话，所以父母在这个时候就会发现孩子常常会跟自己唱反调，爸爸妈妈让做的事情，他偏不做；不让做的事情，越想去做，而且还常常喜欢说"不"。实际上，父母发现孩子这样做或是这样说的时候，完全没有必要过多的担心和忧虑，应该从另一个角度上思考——这是孩子成长的表现，说明他们有了自我的意识，是值得高兴的事情。

同样，孩子在学校的表现也是如此，他们原本是非常喜爱老师的，也特别愿意听老师的话，和小朋友在一起玩耍。但是，在孩子进入"第一反抗期"后，他们会表现出很强烈的好奇心，自主的愿望也会特别明显，还会出现一系列占有欲望和探索欲望。所以当别的小朋友抢自己的东西时，他们就会特别强烈地表示反抗，来保护自己的物权不受到损害；同理，当有人阻止孩子去探索发现时，他们会用拒绝、抵抗或坚持说"不"的方式来表达自己的想法，即便那是他们喜爱的老师。

第一反抗期的孩子已经有了自己的想法，这是培养判断力和独立能力的好时机，家长应该珍视。比如在咨询他们意见的时候，可以给出两个选项，让他们挑选，这样给孩子留有选择的权利，孩子也更容易接受。比如早晨起床时，可以拿要穿的衣服作为引导，问孩子要穿哪件？或者是提及今天要做的事情，这样孩子既能完成任务，还能在顺其自然的情况下度过成长敏感期。同样在选择物品时，也可以先选出两样来，然后再让孩子决定："你觉得这两个哪个比较好呢？"在安排孩子学习时，问他们"我们先做作业还是先看书？"在和小朋友玩耍时，问孩子："你是想待在妈妈身边还是和小朋友玩？"

其次，孩子爱把"不""不要"这些话语挂在嘴边，是他们进入语言学习敏感期的表现之一。孩子具有敏锐的学习能力和超强的模仿能力，他们发现大人在说"不"这些词语，或是自己在说到这些话语时，大人会表现出高度的紧张感，孩子能够敏锐地察觉到这些，所以他们在表达自己意愿的时候，常常会将这些词语拿来使用，以引起父母足够的注意。

所以，当孩子不听话、发脾气时，如果家长训斥孩子或是强行让孩子听大人的，反而会阻断孩子各方面能力的发展。因此，当父母听到孩子总是喜欢对自己说"不"时，不要气恼，也不要着急立即纠正孩子或是强行让孩子服从自己，不要用命令的口气对孩子说："你必须这样做！"这样只能起到适得其反的效果。父母要摆正心态，理解和尊重孩子，不要过多地干涉和束缚孩子。这样孩子也不会轻易跟人说反话了。

综上，孩子爱说反话，把"不"等表示反抗的话挂在嘴边，与他们的自发成长和周围人的相处方式有关。家长应当顺应孩子的成长，尊重和理解他们，并采用科学的引导方法来帮助他们，孩子自然能顺利地度过这段特殊的时期。

 ## 总是撒娇的孩子：安全效应

人们总是会说"会撒娇的孩子有糖吃"。的确，撒娇是孩子专属的特权，家长面对撒娇的孩子，会觉得他们特别可爱，激发了心中的保护欲望，于是更加怜惜和疼爱孩子。孩子确实也能感觉到来自父母或他人的关爱，然而很多人不知道的是——总是撒娇的孩子，其实在他们内心的安全感并不高。

笑笑是一个五岁的小女孩，她是家里的老二，还是一个特别会撒娇的孩子。无论是面对爸爸妈妈，还是老大或街坊邻居，笑笑都能表现出特别讨人喜欢的一面。家里来了客人，笑笑特别热情地为他们唱歌跳舞，客人连连夸奖笑笑聪明伶俐，还会送给她一些特别的礼物，笑笑很是满意。和爸爸妈妈相处时，笑笑特别乖巧懂事，听爸爸妈妈的话，是个十足的"贴心小棉袄"，也因为笑笑是最小的孩子，爸爸妈妈格外疼爱她一些。和老大在一起玩耍，即便是笑笑做了错事，她只要一哭鼻子，老大就会心软不忍心责怪她。大家没有一个不宠爱这个会撒娇的小女孩的，然而，笑笑似乎仍然没有感觉到真正的快乐。

有一次，笑笑和老大因为一些小事发生了矛盾，笑笑一如既往地使用撒娇本能，老大虽然有些生气但想到爸爸妈妈说凡事都要让着妹妹，也只好作罢。然而，笑笑仍然觉得不开心，爸爸妈妈察觉到了笑笑的情绪，就试着询问发生了什么事情，笑笑说："我觉得不开心，为什么大家总是要让着我？会不会哪天大家都不喜欢我了？"妈妈微笑着回答："不会的，你那么可爱，大家疼爱你还来不及呢，怎么会不喜欢你呢？"笑笑仍然惴惴不安地说："可是我总是会担心大家不喜欢我，所以总想要表现得好一些。但是我越想要讨大家欢心，就越觉得不安……"妈妈听到笑笑这样发自内心地诉说不安，把她搂在怀抱里，安慰道："不会的，我们会永远爱你的……"爸爸妈妈意识到，孩子虽然通过撒娇的方式得到了偏爱，然而这种方式并不能让孩子得到内心真正所需要的安全感。他们的内心能够感受到的这些关爱仅仅是大家的一种情感表达的方式，所以会觉得不安，并不能感觉到真正的开心。因此，爸爸妈妈更加能够理解笑笑，在与她相处时能够满足她内心真正所需要的安全感。

案例中，笑笑是一个会撒娇的孩子，为此她也常常能得到大家的优待，然而她并不觉得满足和快乐。正如爸爸妈妈意识到的那样，孩子通过撒娇想要得到的不仅仅是优待和怜惜，更多的是想要得到大家的关注，这些关注和发自内心的喜爱才能让他们获得满足感，因而更加容易获得归属感和安全感。但是，大家在给孩子优待的同时，却忽略了满足孩子真正需要的安全感，所以孩子自然感觉不到真正的开心和满足。

同样的道理，当孩子感觉到安全感缺失，他们就越想要从别人那里获取安全感，所以他们总是会表现出百般讨人喜欢的样子。但是这种情感的需要在表达方式上就存在不同，因而获得的情感满足也会有所差异，所以他们总是不能感受到真正的满足，常常会怀疑是不是大家都在迁就自己，并不是发自内心真正的喜爱。这样，孩子越是撒娇讨好，获得的这种不安全感就越多，他们也就越觉得不安。

与此相反的是，在生活中能够正常地表现自己，真实地表达自己内心情感的孩子，不容易感觉到安全感和存在感的缺失，因为他们能够从内心得到满足，知道自己的行为、习惯、性格、禀赋等都是大家能够接受且得到认可的。他们不需要再通过其他方式就能得到满足感和愉悦感，因此不会有这方面的烦恼。

造成孩子爱撒娇的原因是与父母的教育方式有关的。首先，在一些家庭中，父母过于溺爱孩子，孩子就会肆无忌惮地向爸爸妈妈，或者其他人提出要求，因为孩子知道大家都会通过满足自己的要求的形式来表达对自己的关爱。这样，孩子就会不断地提出要求，通过这样的方式来验证大家是否还是爱着自己的，进而形成了不良循环。孩子长期处在这样的环境中就容易养成爱撒娇的习惯。其次，父母对孩子的要求很高，平时对待孩子也比较严厉，孩子一旦犯错就会遭到呵斥，而孩子一旦通过撒娇的方式向父母认错，让父母知道孩子意识到了自己的错误，原谅孩子，这就容易给孩子造成误解：通过撒娇的方式向大人服软，就可以免受惩罚。这样孩子下次还会通过这样的方式来遮掩自己的小心思，达成自己的目的。最后，父母平时可能对孩子的关注度不够，孩子总感觉自己不受重视，为了吸引大家的注意，就会通过撒娇的方式来表达。而大人们通常对孩子的撒娇是没有抵抗能力的，所以就会纵容孩子的示弱，这样实际上就强化了孩子撒娇博取目光的心理。

当然，孩子撒娇也是一种情感的表达方式。他们正是因为喜欢、热爱自己的爸爸妈妈和亲人，才会向他们撒娇，用这样的方式传达自己的情绪和心理，希望爸爸妈妈能够永远爱自己，呵护自己。这是孩子内心情感外露的体现，爸爸妈妈一定要注意回应孩子，让孩子知道父母已经接收到了信息，而不要反复地通过撒娇来验证。

当孩子学会正确的表达方式，他们自然能够学会要求自己，不容易产生安全感缺失的感觉，并且能够通过适当、巧妙撒娇的方式表达自己的情感，家长也能够理解孩子，这样家长和孩子都能获得稳定和谐的相处方式。

 ## 超限效应之下，孩子总是很不耐烦

在现代教育的模式下，很多父母学到了一套培养和引导教育孩子的方法，其中非常有效的一种方法就是"延迟满足孩子的需要"。比如孩子向父母提出要求，父母会适当地延迟满足孩子，让孩子不至于得寸进尺，不容易被宠坏；或者当孩子在学习上遇到问题时，家长也总是会留一些时间让孩子先独立思考，使得他们能有机会得到锻炼和挖掘自己的潜能，别养成总是依赖父母的不良习惯，丧失自主能力。这些方法是比较科学、理智的，也是值得提倡的。然而，家长在运用时应当注意把握尺度，因为每个孩子的个性、忍耐程度是不同的。在超限效应下，孩子有时会感觉不耐烦，以至于并没有得到好的效果，这就与原本的目标相违背了。

一位妈妈说：我的儿子两岁零四个月了，他的脾气不好。比如他想喝水，如果不马上喝到就会满地打滚，哭得一声比一声高，好像在向我示威。我从一些育儿书上看到一种"延迟满足法"，说要通过延迟满足孩子的需求来训练他的忍耐力，这样孩子就不会那样蛮横了。于是每次遇到这样的状况，我就不理会他，任他哭闹或喊叫，等他哭得差不多了，再去哄哄……但目前孩子的表现仍然很差，比同龄的孩子心智发育好像差很多。别的小孩能听懂的话，他好像总是听不懂，主要是因为他不愿意听。看来延迟满足的办法在他身上并不管用，可如果孩子一哭闹，我就马上满足他，又担心将来会把孩子宠坏，变得无法无天……真不知道该如何是好，想要咨询一些好的意见。

某儿童心理专家：这个问题并不难，使用"延迟满足法"是对的，但是要看用在什么地方，什么时候。比如你的孩子想要喝水，马上去满足他，这不仅仅是生理方面的需求，更是心理上获得满足感和安全感的过程。孩子更希望获得的是父母积极的回应，他们能从父母的回应中感觉到安心和惬意，所以这个时候及时满足才是正确的应对方法。再比如孩子本来已经吃得很饱了，可是看到美味的食物仍想吃时，父母这时候采用延迟满足的方法就比较恰当了。

"延迟满足"是当下非常流行的一种教育概念，甚至常常被某些专家奉为育儿法宝，因而得到很多家长的宣传。但是，许多家长并不知道，孩子还太弱小，很多意愿无法主动诉求，家长在没有真正了解他们的情况下，就大肆地跟风，将"延迟满足"和"哭声免疫"混为一谈，对孩子的诉求不能及时做出回应，其实是非常不利于孩子生理和心理健康成长的。

很多情况下，延迟满足确实能够起到比较好的效果，但并不意味着任何情况下都能使用，都管用。我们先来简单了解一下"延迟满足"的来源，这个概念起源于心理学家米歇尔的一个实验：孩子们在面对诱人的食物时，是选择即刻吃掉满足欲望，还是忍耐15分钟后获得双份的食物作为奖励。实验过程中不会对孩子有任何正面或负面的评价，孩子可以自主做出选择，当然结果是有的孩子没能忍住馋，吃掉了面前的美味食物，并且当时很开心；也有的孩子忍住了诱惑，实验结束后获得了应有的奖励。这两个心理过程是完全不同的：前者选择马上吃掉食物，是出于生物本能，后者必须用理智去克服这种生理冲动，想办法分散自己的注意力，熬过这漫长的 15 分钟时间。这个过程，孩子是绝对的主导者，由他们根据自己的意愿做出决定，并为结果负责，孩子只有通过亲身体验才能获得宝贵的认知，这对他们之后的影响也是非常大的。

然而，在后来的发展中，"延迟满足教育法"被转换了主体。孩子的家长变成了施教主体，他们会根据自己的意愿决定是否要对孩子即刻满足还是延迟满足，这个做选择的权利被家长取代了，孩子成了受控对象。如果孩子按照父母的意愿去做，就能够收到奖励，否则就要接受惩罚。这样孩子完全失去了主动选择的权利，因此孩子很容易就会变得不耐烦。如果家长不能够及时满足孩子的欲望，他们会变得更加情绪暴躁，感到不耐烦，甚至讨厌自己的父母。

父母主导下的延迟满足教育，经常会变成这样的情况：孩子兴趣十足地做某件事情时，父母下令"等一会儿""别着急"；而有的时候却总是催促孩子"快点儿快点儿""别磨磨蹭蹭"。孩子的欲望不仅没有得到满足，而且也并没有体验到很奏效的方法。长期下去，孩子的发展会受到限制，表现得比同龄人心智发展还要差。

心理学上的"延迟满足"实验原本并不是作为教育策略的，是后来经过改造曲解，制造出了所谓的"延迟满足教育法"。这个理论满足了那些思维简单、行为懒惰的父母的愿望，他们常常下达各种延迟命令，很少揣测孩子的心理，这样导致的结果就相当于故意给孩子制造痛苦，让他们学会服从，往往不能收到满意的结果。

事实上，当家长能够真正尊重孩子，无条件地爱着孩子时，孩子的内心因能够感到平和而满足，心理上的丰盈感和幸福感得到最大限度的满足，这样的孩子反而对物质没有特别强烈的需要和渴求，因而他们往往具有很好的自控能力，自然而然就养成了坚忍、耐心的品性。反之，如果孩子没有自主选择的权利，总是听从他人，他们的愿望很少能够得到满足，内心充满了匮乏感，自控能力也往往会较差。所以父母在培养孩子的问题上，不要总是生搬硬套地借鉴别人的理论、经验，而应该多多地从孩子自身出发，尊重他们的独特性，遵循给孩子更多的"爱和自由"的原则，让孩子能够更加自然、健康地成长。

"延迟满足"实验来源

1968 年，美国心理学家沃尔特·米歇尔在位于斯坦福大学的一所幼儿园内主持了著名的"延迟满足"实验。有 32 名孩子参加了这个实验，最小的三岁半，最大的五岁零八个月。实验的过程是：让每个孩子单独待在一个只有一张桌子和一把椅子的小房间里，桌子上的托盘里放着这个孩子最爱吃的东西——棉花糖、软糖、饼干等。孩子们被告知，他们可以做两个选择：一是他们可以立即吃掉托盘里的食物，但不能有另外一份奖励；二是假如能忍耐一定的时间（15 分钟）再吃，那么就可能得到双份的食物，作为对他们忍耐和等待的奖励。

实验结果是，有的孩子毫不犹豫、迫不及待地吃掉了面前的食物；有的孩子想得到另外一份奖励，于是在单调的房间里捂住眼睛、转动身体、唱歌，用这些方式来转移注意力。然而大多数孩子没有坚持到 5 分钟就选择了放弃，把食物吃掉了；只有较少的孩子坚持得稍微长一点儿，但并没有能够坚持到 15 分钟；最后只有大约 20% 的孩子忍受了 15 分钟漫长的煎熬，得到了第二份美食的奖励。这次实验结束后，先后有六百多名孩子参与了同样的实验。

18 年后（1986 年），研究者对当年参加实验的孩子进行了跟踪调查，发现当年能够等待更长时间的孩子在青春期的表现更为出色。1990 年的第二次跟踪调查结果显示，自我延迟满足能力强的孩子，在美国高考中的成绩更为优秀。到三四十年后的 2011 年，当年参加实验的孩子们都已经步入中年，他们接受了大脑成像检查，发现早年自我延迟满足能力强的人，大脑前额叶更为发达和活跃，而这个区域则负责高级思维活动，并且这些人在事业和生活方面也确实比较成功。

大声尖叫，情绪失控：孩子渴望被关注

常常听到家长抱怨孩子特别任性，一遇到困难或心情不好时，就爱发脾气。开始时还只是小声哭泣，见没有人理睬，就变本加厉，增大嗓门嘶吼，直到情绪失控时家长才不得不过来帮助。等情绪稳定一些后，孩子常常又会道出实情："爸爸妈妈都不理我，你们一定不爱我！"家长感到不解："孩子为什么总是要这样无理取闹，一点儿自控能力都没有？爸爸妈妈明明很爱他，事事都顺着他，孩子怎么会觉得不被关爱了呢？"

小明是一个不到三岁的小男孩，他平时特别任性调皮，不管遇到什么事情，只要一不开心就会大声尖叫。如果妈妈过来安慰，还能稍微好一些，一旦大家都没有出现，他就会将面前的一切演变成"事故现场"。有一次，小明正在玩新买来的积木，这是一种拼接的塑料积木，因为孩子是第一次玩，还没有掌握要领。他在玩了一会儿后，忽然变得情绪暴躁起来，就见他气愤地将积木丢在地上，大声叫嚷着："这个玩具一点儿都不好玩！"妈妈听到声音，猜想他一定是遇到了困难，所以过来查看。原来是两块积木相对应的接口没有插好，而这一环节只需要小小的一点耐心就可以做到，显然小明是因为脾气火爆很快就放弃了。妈妈想要让孩子完成练习，于是安慰了一下之后就去忙别的事情了。不到五分钟，又听到小明放声大哭起来，边哭还边扔玩具："把它们全部扔掉！"等妈妈走过来，孩子的情绪已经完全失控，他的小脸憋得通红，止不住地抽泣。妈妈无奈，只好不停地安慰他，直到孩子的注意力转移到了别的事情上才安静下来。

但是，小明并不总是这样，他在幼儿园的表现就很好，而且他非常听老师的话，喜欢在小朋友面前表现自己，每次当大家给他鼓掌和得到

老师的赞美时，他都能表现得非常好。可是一回到家里，遇到不顺心的事情就不停地尖叫、吵闹，打扰别人看电视、讲电话，弄得大家不得安宁……这常常让爸爸妈妈感到精疲力竭，怀疑孩子有双重性格，为什么在幼儿园表现很好，在家里就变得肆无忌惮？

其实，孩子因为年龄小，自控能力不足，用哭泣、吵闹的形式发泄情感是正常的现象。他们一方面在表达自己因为能力的不足而感到失望的情绪，另一方面是想要吸引家长的注意，向他们发出请求帮助的信号，希望成年人能够提供帮助或是给他们一些鼓励。如果家长不明白孩子的心理，孩子失望和紧张的情绪不但没法发泄出去，还会加重他们的心理压力。而孩子的心理承受能力有限，一旦超过自己的心理承受范围，就会变得情绪失控，表现异常。家长应该理解孩子的这些异常情绪表现，给他们及时的安慰和鼓励。

孩子通过哭闹的方式释放压力，家长常常无法控制孩子的冲动行为，尤其是看到孩子做某些事情时所表现出来的糟糕行为时，会担心或怀疑孩子是不是出了什么问题。这个时候，千万不要武断地对孩子下判断，认为他们不可理喻、不懂事，而应当从孩子的角度思考一番，搞清楚孩子为什么会有这样的表现，他们真正需要的是什么。在清楚了孩子的内心需要时，满足孩子的要求，给他们支持和鼓励，让孩子能够有信心克服困难并产生成就感和自豪感，激发他们继续探索的热情和勇气，这才是家长真正应该做的。如果孩子得不到父母的关注，缺乏安全感，他们自然会感到无所适从。这就是为什么有的孩子特别乖巧听话，有的孩子却常常情绪失控的原因。而孩子会在幼儿园表现良好，是因为他们在这些场所中被关注的愿望得到了满足，所以才能够很好地控制自己。

通常，孩子还会用哭闹的方式表达自己烦躁的情绪。在很多情况下，当孩子处在嘈杂的环境中时，比如孩子周围的人们在不停地高声说话，而且所说的内容是孩子听不懂的，孩子就会觉得大家都忽视了自己，他们非常不喜欢这样的环境，所以就会通过爆发脾气来吸引大家的注意，让大家能够停止大声说话。另外，如果父母感情不和，他们总是在孩子耳边吵架，孩子的情绪反应也会变得消极，他们就会通过大声尖叫、情绪失控的表现来引起父母的注意，提醒家长停止吵闹，给自己一个安静愉悦的环境。

总之，家长要多关心孩子，真正做到了解孩子的内心所需，让他们能够有被关注和被疼爱的感觉。当孩子的自信心很强，内心的安全感丰盈时，自然就不会无缘无故变成情绪失控的"小魔怪"了。

Part 03
从行为细节中了解孩子的认知心理

3~6岁，强烈的求知欲让孩子不断探索

随着孩子的成长，他们的心智开始发育，在生活中表现为对什么都感到好奇：看到形状奇怪的东西，就想要伸手去摸索；看到诱人的食物，就想立刻把它们送到嘴巴里，尝一尝到底是什么滋味；遇到不明白的问题，就一个劲儿地追着问"这是什么""为什么"……家长们有时会觉得这个时期的孩子特别可爱，有时也会感到不耐烦，常常敷衍了事地应付他们，这样孩子内心的求知欲望会慢慢被消磨殆尽……

小聪今年四岁半了，他是一个名副其实的好奇宝宝。每天总是要在他的身边发生一些令人匪夷所思的事情，有时让妈妈也觉得哭笑不得。小聪常常会独自一个人待在房间里，好几个小时安安静静地，妈妈一旦发现孩子这般乖巧，就知道他一定是在搞破坏。这次也不例外，小聪没

有得到妈妈的允许就把卧室里的闹铃给拆开了，但是他又不知道该怎么装回去，于是正在琢磨应对策略。当妈妈走进房间后，他故意把零件往身后藏，以免被妈妈发现。妈妈知道小聪又没干什么"好事"，才会这样鬼鬼祟祟，但是妈妈没有立刻拆穿孩子的"阴谋"，而是假装问孩子是否需要帮助，这时候小聪会毅然决然地说"不要"，然后妈妈也不作声，只是轻轻离开。等过一会儿后，小聪就会拿着被拆得七零八碎的闹钟，寻求妈妈的帮助并承认错误。当然，小聪还是会受到批评和惩罚，同时也能看到闹钟被装好的结果。

然而小聪妈妈的行为让孩子有了一个自我缓冲的机会，孩子的不恰当行为被发现后，没有立即被家长批评指责，就不会让孩子的求知欲和自信心受到打击。而如果在满足了孩子好奇心的前提下，还有机会能够让他们思考如何为自己的行为负责，孩子的好奇心非但不会受到打击，而且还能锻炼他们心理上的抗压能力。因此，小聪不仅聪明伶俐，而且创造能力很强，这些都得益于妈妈良好的教育。

3~6岁是孩子智力发展的关键时期，这个时期孩子对外界的事物充满了好奇，并且拥有很强的吸收能力和学习能力。如果父母在生活中能够重视孩子提出的问题，支持并鼓励他们去探索发现，那么孩子的求知欲就能得到满足。这样的培养方式可以增强孩子求知的欲望，助长孩子提问题的热情，孩子在无意识中就能学习到很多知识。相反，如果父母对孩子的提问视而不见，采取敷衍了事的态度应付孩子，那么势必就会让孩子失去再问下去的兴致，自然也不会对学习产生兴趣了。因而，家长要谨慎保护好孩子的探索欲望，积极关注孩子在智力发展关键时期的表现，帮助他们深入地了解事物本质，千万不要打击孩子的求知欲望。

在日常的生活中，当孩子向父母提出问题时，父母要认真回答孩子的发问。先要仔细听清楚孩子提出的问题，快速地思考一下该如何回答，然后要尽可能地找到与孩子的接受能力相适应的语言来回答，这样有助于孩子的理解。如果孩子听了之后似懂非懂，家长也不要着急，这是孩子的一个认知过程，随着他们知识的慢慢积累，自然而然就能懂得了。

面对孩子提出的各种各样的问题，家长要做到有问必答，即便是孩子提出了让人匪夷所思的问题，家长也应告诉孩子"这个问题需要过一段时间才能有答案"，而不是回避话题或直截了当地告诉孩子无解，这样也很容易打击孩子探索的热情。家长还要善于启发孩子继续问下去，用提问的方式引导孩子学到更多知识。比如孩子问"地球为什么是圆的?"家长可以引导孩子思考黑夜和白天的变换或地心引力的问题。孩子提出了家长也不懂的问题，家长千万不要不懂装懂，给孩子一个错误的答案。要老老实实地告诉孩子，这个问题我过去没有注意到，现在还回答不了，等我弄懂了才能告诉你，或者和孩子一起去查书，找答案。孩子有时会提出很幼稚、很可笑的问题，父母不要表现出嘲笑的神情，这样会让孩子产生自卑感，下次提问题时就会拘束很多。孩子有时会在不适宜的时间、地点提问，父母要悄悄告诉他们换个时间、地点再来探讨这个问题，而不要直接地去制止，更不能当着外人的面训斥孩子。孩子有时还会提出一些毫无道理甚至令人尴尬的问题，父母也不要对孩子抱怨，更不能因此翻脸，甚至惩罚孩子，而要以严肃的态度对孩子讲清他们提的这个问题错在哪里，并告诉他们应当多提哪方面的问题。

此外，家长要正确认识孩子的某些过失。孩子的好奇心有时会表现出一定程度的破坏性，比如把玩具拆开来看，大多数情况下孩子都是能拆开却不能把它再复原。家长一般会为此批评孩子几句，有的家长还会不问是非地惩罚孩子，甚至过后讲给外人听，这样非常不利于孩子探索精神的发展，孩子的求知欲会受到抑制。家长要把目光放长远一些，孩子现在虽然拆坏了一个价值固定的玩具，但是如果父母能采取合适的方法，保护的却是一个存满无限可能的好奇心。孩子很可能在这些小小的尝试中发现无数的奥秘，学会很多新的知识，这些都是无价的。所以，父母不要轻易否定孩子的行为，这样很容易挫伤他们可贵的好奇心，父

母要做的是鼓励孩子的探索发现，当然告诉孩子下次想要拆玩具或其他
什么东西时，可以先问问家长，征得同意后再动手，这样既不伤害孩子
的探索心理，又能满足他们的求知欲望，孩子也能愉快地配合好父母。
当然，如果家长能够花点儿时间和孩子一起研究发现，那么孩子能够学
到的东西自然更多、更丰富。

　　家长辅导孩子要灵活多变，可以采用寓教于乐的方法，比如讲故事、
做游戏，利用好生活、大自然这些天然的教材，给孩子呈现一个丰富多
彩的世界，让孩子能够在轻松愉悦的环境中不断探索发现。

 ## 孩子为什么坐不住：多动障碍

　　据很多孩子妈妈反映，自己家的孩子总是特别好动，他们一刻也停
不下来，不是捣乱就是搞破坏，无论别人怎样苦口婆心，他们非但不理
会，反而越劝越来劲，直到累了或是没有人再注意他时才肯罢休。如果
遇到比较严厉的家长，孩子的表现兴许会有所收敛，可是不到五分钟，
孩子坐不住的本性又会暴露出来。很多家长感到很头痛，为什么别人家
的孩子那么乖巧听话，自己家的孩子却像个猴子一般上蹿下跳，难道他
们真的得了"儿童多动症"？

　　小健出生在一个小康家庭，从小物质条件就比很多孩子要丰厚。但
是，小健的爸爸妈妈都在外地工作，而小健被送到了乡下的爷爷奶奶家
里抚养。小健今年上小学二年级，他是班里出了名的"捣蛋大王"。从上
一年级的时候，他的表现就不安分，上课满教室跑，谁都管不住他，课
堂秩序经常被搅乱，弄得老师无法上课。他还总是无端地攻击同学，欺
负比自己年龄小的孩子。后来他不得不转学，可是到了新的学校后情况
一点儿都没有好转，上课的时候必须由奶奶陪同，不然就要捣乱。他的

班主任对小健的表现很不满意，认为这个孩子患有多动症，并建议家长带小健到医院的精神科检查。这件事情终于让小健的爸爸妈妈提高了警觉，他们开始把心思放到孩子的心理健康问题上。

小健的父母把孩子接到了大城市，带他去儿童心理所咨询。心理专家了解到情况后，说孩子的"病根"出在生活环境上，他长时间得不到爸爸妈妈的关爱，内心被父母需要的归属感匮乏，而大家总是怀疑他"有精神病"，所以孩子的行为才会愈发过分。儿童专家建议家长先从改变孩子的生活环境开始，首先父母要和孩子一起生活，多关心他，不要认为把孩子丢给老人抚养就万事大吉；其次要让孩子学会适应学校环境，让大家能接纳他。孩子能被老师同学喜欢，自然就不会有这些问题了。

时下，"儿童多动症"这些个字眼似乎成了流行病，孩子只要不听话、好动一些，就会被他人莫名其妙地冠上"患了多动症"这顶帽子。有的家长还常常以讹传讹，孩子的表现不好时，也不问原因就当着孩子的面跟人家讲"我孩子就是这样好动，真是令人头疼"，孩子在无形之中承受了巨大的心理压力，"病情"越来越严重。而造成这一局面的，难道不是家长教育方法的失误？不是家长过于严厉或溺爱孩子造成的？家长总是没有认真思考过，就随意地把这个错误归结到了孩子的身上。

很大程度上，孩子的多动障碍都是无中生有的，家长大多过分夸大了孩子的好动欲望，而很少了解孩子的内心所想，给孩子的关爱少之又少，就武断地认为孩子得了多动症。事实上，孩子好动一方面因为好奇心强，精力充沛，且注意力不太容易集中，自控能力比较差；另一方面出于对成年人误解的反抗，因而表现得更加活泼好动，甚至会有一些例如扰乱课堂纪律、欺负同学的过激行为，以此来唤起家长的注意。

其实绝大多数家长对多动症了解得并不多，甚至没有查过资料，许多家长都是在教师的暗示或建议下才对多动症有了粗浅的认识。通常的情况都是，孩子在学校或幼儿园的行为不符合要求，给老师带来了麻烦，而老师不愿意被一些孩子过多地干扰，不愿意或没有能力在教育上寻找问题的症结，于是就用最简单的方法解决问题——找家长谈话，让家长带孩子去看医生。而一旦家长真的带孩子去做检查，那多数孩子都会认为自己真的有了什么问题。在这样的情况下，孩子被无情地贴上了"多动障碍"的标签，直至一点点影响他们的思维、性格、道德观和价值观的建立，这对孩子的自身发展是有害无益的。

对于好动的孩子，家长和教师如果能多给他们一些理解和关心，用心去倾听孩子的"行为语言"，孩子的一切都会变得正常起来。试想，如果老师能想到孩子上课不注意听讲，可能是因为他们不喜欢老师的讲课方式或对学习的内容没有兴趣，而从这一点出发，改变授课方式，让学生对学习的内容产生兴趣；孩子考试成绩低，家长如果能够想到是不是对孩子的要求太严格了，或者是因为他们没有掌握学习方法的原因而改变方法，这样对孩子来说岂不是更好？孩子攻击他人，是因为他想保护自己还是感到对周围的一切都缺乏兴趣？他们模仿危险动作，是想要表现自己还是出于好奇？如果老师和家长能多一些思考，对待孩子多一些耐心，那么孩子也会多一些对自我的认识，不轻易做出过分的举止行为。

每个孩子都有千奇百怪的想法和自我意识，他们的行为表现各不相同，他们还不具备成年人所认同的道德观、价值观和忍耐力，所以他们自然也很难用这些东西来约束自己。在这些方面，家长、老师和同学都要多一些理解和宽容，不要成了推波助澜的"凶手"。

上海市多动症协作组制定的儿童多动症行为量表

1. 上课时坐立不安（ ）

2. 上课时经常说话（ ）

3. 上课时小动作多（ ）

4. 发言不举手（ ）

5. 不专心，东张西望，易因外界干扰而分心（ ）

6. 情绪变化快，易与人争吵（　　）

7. 常惹人，干扰别人活动（　　）

8. 不能平心静气地玩耍（　　）

9. 做事心血来潮，想做什么就做什么，往往有始无终（　　）

10. 做事不计较后果（　　）

11. 随便拿父母的钱，或在外偷窃（　　）

12. 丢三落四，记忆力差（　　）

13. 学习成绩差（　　）

14. 说谎、骂人打架（　　）

诊断：没有——0 分；稍有——1 分；较多——2 分；很多——3 分。总分超过 10 分为阳性，即为多动症。

 ## "小小破坏王"，总是管不住的小手

常听家长这样抱怨："家里有个小破坏王，好像就是老天爷故意派来和我们作对的。无论把家里收拾得多么干净，不超过几个小时，孩子总会弄得乱七八糟；如果看到家长不理会他，就会不停地打扰别人的工作，直到成功把注意力转到他身上为止；有时爸爸妈妈故意不管他，以为孩子闹够了就不再生事端了，谁曾想孩子的破坏活动愈演愈烈……"家长常常感到很无奈，面对年幼的孩子，既不能发火又不能责骂，不知该如何是好？

一位妈妈说："我的孩子是个破坏大王，他本来很聪明，但是常常把聪明用在了错误的地方——搞破坏。孩子很小的时候就特别爱动，为了不影响他的成长，我和他爸爸都不同意约束孩子的行为，想要让他按照自己的节奏成长，过得开心和自由一些。虽然孩子的智力得到了稳步发展，可是孩子的行为中遗留了爱捣蛋、以制造麻烦为乐趣的特点。刚开始的时候，我们发现孩子喜欢拆一些玩具或是其他一些小东西，当时也没有太在意，以为孩子是好奇心所使，就任由他发挥。后来孩子喜欢把家里弄得乱七八糟，拆毁的玩具、废品扔得到处都是，家里常常会变成一个废品收购站。后来小玩具已经不能满足他的胃口了，他将目光转移到了大型家电上，这下还了得，我们赶紧制止了孩子的行为。孩子也意识到了自己的错误，就打消了对家用电器下手的念头，继而把注意力转移到了打扰别人工作上来。我在做家务的时候，前几分钟拖了地板，后几秒就被孩子故意弄脏了；爸爸在家里工作，他就会不断地在爸爸面前晃悠，制造噪音；家里有客人，他还会用各种问题打断别人的谈话。每次大家被他扰乱，即将要发怒之前，他就会自鸣得意。现在孩子简直变得无法无天，真不知道该如何管教他了……"

孩子喜欢搞破坏，一个方面，与他们的好奇心的发展有很大关系。3~6岁是孩子好奇心发展的初始阶段，他们对周围的世界充满了探索欲望，对任何一件事情都怀着强烈的好奇心理，总是想要伸出小手摸一摸、碰一碰，去探个究竟。胆子大一些的孩子还会通过摔、拆等方式来观察玩具里面的构造，满足他们的好奇心。年龄再大一些的孩子，对人与人之间的关系比较敏感，他们常常会故意搞破坏，制造恶作剧来观察他人的反应。家长应该帮助他们理解人与人之间的关系，因为这其实是孩子学习和探究的过程，是孩子正常的表现。所以家长在孩子有这些情况的时候，不必感到惊慌，只要扮演好守护者和观察者的角色就可以了。如果家长过分地忧虑或是阻挠孩子，反而会让孩子感到拘束和紧张，影响他们的正常发展。

当然，如果孩子的破坏行为过于出格，比如故意在父母面前制造混乱，打扰别人休息或工作，对他人没有礼貌，不能遵守起码的要求，这时家长就要注意了，这样的孩子可能是感到孤单，缺少他人的关爱，因而通过这些捣乱的行为来吸引大人的关注。对于这种情况，家长要及时做出纠正，在生活中不仅要多陪伴孩子，而且要有质量地陪伴，家长不仅要扮演好保护者的角色，更要知道他们的心理所需，不让孩子感觉孤单或无趣，总能够给他们提供一些感兴趣的事物，让孩子的注意力停留在不断探索的新知识上，而不是用小聪明来制造麻烦。

另一个方面，孩子因为年龄小，自控能力有限，再加上生理发育不完善，他们总是会通过搞破坏的行为来锻炼自己，训练自己的反应能力和协调能力。在这个过程中，爸爸妈妈要耐心地告诉他们，哪些行为是可以做的，哪些行为是不好的，让孩子对这些信息有个基本的判断，随着他们年龄的增长，肌体能力的发育完善，自然而然就能够形成良好的自控能力。反之，如果家长常常跟孩子强调这些"破坏"行为，孩子以为家长是在跟自己开玩笑或是做游戏，那样的话孩子以后就会用同样的行为来吸引他人的注意了。

值得注意的是，对于以故意制造恶作剧为乐的孩子来说，他们之所以会这样通常都是因为没有得到足够的关爱。当感受到的家庭温暖有限时，捣乱的行为就会更加明显。当孩子长时间独处，父母或成年人对孩子的行为不闻不问时，孩子的心理上也会觉得异常孤单，这时孩子就容易有顽皮或多动行为的表现，因为孩子知道这些行为能够立马引起父母或成年人的注意。因此他们越想要得到大人的关注，就越喜欢搞破坏。如果家长发现孩子有这些行为，在责怪孩子之前，先要反省一下是不是自己给孩子的关心不够，而不是责怪孩子不懂事。

有一些孩子总是会被家长无限制地溺爱着，一旦父母没有满足他们的要求，他们就会赌气，故意损坏东西，以此来要挟父母，发泄不满情绪。对于这种故意破坏的行为，家长绝对不要姑息，既要给孩子批评教育，也要让孩子为自己破坏物品的行为负责。从根本上来说，家长不能因为爱孩子就纵容孩子，这实际上是在害孩子，所以家长应让孩子懂得知足和珍惜，尊重他人，掌握良好的自控能力，让孩子能够健康地成长。

孩子变成了"十万个为什么"

孩子总是喜欢将"为什么"三个字挂在嘴边，无论遇到什么事，几乎每讲两句话就会问一句"为什么"，即使他们早已经有了答案，也总是会明知故问。如果家长不理会，孩子就会不停地问"为什么？为什么？为什么？"有时孩子的问题让人感觉难以回答，比如他们会问"为什么要吃饭？""为什么要睡觉？""为什么爸爸要刮胡子。"感觉都要被他们吵得爆炸了……

小伟今年四岁了，他的问题特别多，整天缠着大人问个没完没了。晚上睡觉前，他会问妈妈："为什么天上的星星会发光？"早上醒来又问："为什么太阳不会掉下来？"爷爷奶奶带他到公园玩，他还是一个劲儿地问："为什么小鸟在天上飞？""为什么毛毛虫会爬着走路？"他还常常问爸爸一些奇怪的问题，比如"为什么我是妈妈生的？而爸爸为什么不会生孩子？"对于四岁的小伟来说，给他讲一些知识他又听不明白，可是听不懂又使他一直问下去，真是不知道该如何应答。

首先，孩子爱问"为什么"，是天性使然。他们在三岁以后，能够敏感地察觉到周围环境的变化，即便是每天都要做的事情，他们也能发现不同之处，萌生好奇心。这个时期的孩子已经意识到这个世界的丰富多彩，一切都处在神奇的变换当中，所以他们总是会不停地通过问为什么，来确定自己看到的一切。很多时候，孩子已经不再满足于对表面现象的观察，他们想要挖掘更深层次的内容。可是由于他们的知识经验还无法对这些疑问进行解答，所以就会缠着大人不停地问"为什么"。这是他们满足求知欲的过程，是想象力、创造力和学习能力开始发展的前奏，表明孩子开始认知这个世界了。

很多父母遇到过小孩子问问题的情况，可能觉得孩子只不过是一时兴起，所以总是高兴的时候就回答几句，没时间的时候就随便应付几句，当回答不上来时就会感到尴尬甚至产生厌烦情绪，心情不好时还会训斥孩子，打发孩子自己去玩。殊不知，孩子的求知欲望无法得到满足，他们就会将这些想法埋在心里，直到抑制自己不再产生问题，父母的这种行为其实大大地阻碍了孩子好奇心的发展。

其次，孩子总是将"为什么"三个字挂在嘴边，也是他们语言能力发展还未完善的表现。这个年龄的孩子，他们还不能熟练地使用丰富的词汇和句子来表达自己的疑问和奇思妙想，所以总是将单一的"为什么"作为表达疑问的常用词汇，成人听多了难免感到厌倦。所以，针对孩子的这一特征，成年人应该多一些理解和宽容，耐心一点儿对待孩子，认真地听孩子把问题问完，这样既能锻炼他们的语言表达能力，又能让他们在轻松的氛围中掌握知识。

我们知道，孩子在接触到新的人、事、物时，需要一个认知的过渡过程。孩子的接受能力和学习能力是非常强大的，有时候家长认为给孩子讲了一堆大道理，孩子似懂非懂的样子，其实在这个过程中，孩子的需求已经得到了满足。他们的问题被成年人接收到，并且得到了耐心的解答，这就意味着孩子已经具备了一定的表达能力，他们需要继续发展这一能力，以便更加完善；而且大人耐心为孩子讲解，孩子听到的内容或多或少会在脑海中留下印象，随着知识的不断积累，孩子能够逐渐理清这些关系，自然而然地他们就会弄明白这些道理。所以家长不要认为孩子听不懂就敷衍了事地应付孩子，孩子能够从家长的态度和应答中感受到很多信息，不仅仅是知识本身。

家长在耐心听孩子问问题时，可以发现孩子提出的问题都很有特点，分为四种类型：第一类问题是感知类的问题，孩子可以在任何时间、任何地方提出这样的问题，比如"苹果为什么是红色的？"这类问题主要针对于事物的外部特征，这是由孩子的思维特点决定的，他们在这一时期思考的东西主要是事物的具体形象；第二类是属性类的问题，在孩子成长的时期，他们不再只是关注事物的外部特征，开始有了更加深入的思考，并且希望了解某一类事物的属性究竟是什么；第三类是知识类的问题，孩子在遇到自己之前没有见过的事物或是感觉很新鲜的事物的时候就很有可能问这种问题；第四类是逻辑类的问题，这个时候孩子已经在思考更加复杂的问题了。家长可以根据孩子提出问题的特性，给他们简单明了的回答，既能满足孩子好奇心，又能使他们增长见识。

当然，家长可能会遇到这样的情况：在给孩子解答问题的过程中，孩子还是不停地追问"为什么"。这说明家长给出的答案并不能让他们满足，这时家长通常会感到烦恼，制止孩子不继续提出问题，而孩子往往容易陷入家长越不让问他们偏要问的循环中，这样孩子的问题就局限在了以"为什么"开头的疑问句中，进而孩子问问题的思路就受到了阻碍。所以家长要尝试引导孩子用各种形式的疑问和陈述表达，当孩子的注意力不总是持续地集中在一条线索上时，就能避免将以"为什么"开头的疑问变成一种习惯，甚至变成孩子的口头禅的现象。

另外，有些家长在生活中习惯了给孩子扮演无所不能的形象，孩子一提出问题就开始表现自己，这样虽然在孩子心中树立了高大伟岸的形象，但也容易导致孩子盲目崇拜大人的心理，形成自卑情结。所以家长要注意在回答孩子问题的时候，引导孩子自己先思考一下，让孩子能学会从多个角度观察和思考。如果孩子实在解决不了，家长再把答案告诉他们也不迟。

最后，孩子如果提出了家长一时不能给出完整回答的问题，家长千万不要含糊其辞，而应该大大方方地告诉孩子"这个问题我也知道得不多，咱们一起寻找答案吧"。父母向孩子传达的是实事求是、不断进步的精神，这也是一种引导孩子不断学习的方法，孩子将受益一生。

撕书扔东西：孩子的攻击欲望很强

每个父母都希望自己的孩子温顺可爱，有好的性格和优良的行为举止，可是也总有家长感到懊恼，为什么自己家的孩子总是脾气火爆，一点就着，甚至还常常表现出攻击行为？难道孩子的心理不正常吗？

三岁半的小彤是一个性格暴躁的孩子，她的情绪很不稳定，高兴的时候能跟大家愉快地相处，不高兴的时候性情就会大变，大哭大闹，甚至还会打人骂人。小彤的爸爸妈妈感到很懊恼，难道是夫妻两人急躁的性格传染给了孩子？

最近爸爸妈妈发现小彤又有了新花样，如果她发脾气时大家都不理会她，她就开始有破坏和攻击行为，比如用嘴巴咬玩具，十分粗鲁地扔、打、撕扯玩具，有时情绪糟糕到极点，不管看到什么东西，都一股脑儿拿起来往地上扔，直到摔得面目全非才肯罢休。

此外，别看小彤是个小女孩，她特别好斗，别人都不敢招惹她，只要她不开心了或者是一点点小事就能与别人发生矛盾，还会狠狠地教训人家一番。小彤的爸爸妈妈常常感慨："也不知道该用什么样的方法，才能让孩子收敛一下坏脾气。"

很多父母都遇到过这样的情况：孩子会不受控制地搞破坏，甚至攻击他人，无论家长怎样劝导，他们非但不听，反而愈演愈烈。家长对孩子的表现感到十分担忧，害怕他们以后会发展成有暴力行为，甚至性格产生扭曲。其实，一般对于四岁以内的孩子而言，遇到一些不如意的事情发生攻击行为是可以理解的，因为他们还不懂得如何发泄自己的不良情绪，所以会盲目地用带有侵略性或攻击性的行为来表达自己极度不满的情绪，等孩子的情绪发泄完后，他们又会恢复正常了。当然这是与家长的培育方式分不开的，家长没有很好地教给孩子处理不良情绪的方法，通常情况下是因为这些孩子的家长的性情也很急躁，在面对不良情绪时往往采用了消极的方式，而孩子在无形中也受到了影响。

孩子的破坏性行为、侵略行为或暴力行为，其实都是他们处理焦虑或引起注意的方式。当家长遇到孩子发泄情绪时，如果采取不回应、不理睬的态度，反而会加重孩子的不安心理，他们会变本加厉地搞破坏或攻击他人，以引起他人的注意。当孩子将这种发泄情绪的方法变成习惯时就非常危险了。孩子的自控能力本身就有限，他们会不分是非地破坏物品，甚至给他人制造麻烦、带来伤害，这些都是极具威胁性的。所以家长发现孩子有不良情绪产生时，要善于引导他们选择正确的方式发泄出来，而不是以这种极端的方式来表达。很多时候，孩子给他人带来的伤害是无法弥补的，同样反馈给自己的也是无形的伤害，而孩子因为年龄小，认知有限，等他们长大后发现自己的性格弱点时已经很难纠正了，所以家长应该在孩子很小的时候就开始注意引导。

面对孩子的粗鲁无礼，家长首先要分析一下自己是否总是容易发怒、情绪失控。爸爸妈妈在感到愤怒、压力大的时候，不经意间就会将情绪转移给孩子，尤其是在孩子不听话、表现不好的时候，常常会动手拉扯或是打孩子，这样无异于给孩子传达了最糟糕的方式。其次，孩子容易发脾气，攻击欲望强，与父母的教育方式也有关。父母可能对孩子的要求太高，孩子往往需要一个情绪发泄的通道，而发怒、攻击是最糟糕的发泄方式。再次，很多孩子之所以会有攻击行为，是因为家长给孩子的关爱不够；孩子常常感觉到不被父母重视，所以总是想通过这样的方式来吸引父母的注意。当然很多情况下也是因为孩子在发脾气的时候，家长会用各种补偿措施来弥补，孩子尝到了这样的好处，下次就照搬照用，来达成自己的目的。最后，家长总是会忽略孩子的良好表现，当孩子有良好的表现时，并没有受到家长的注意和称赞，于是孩子也就不会记住这些时候自己的行为举止，反而记住了坏的表现。所以父母平时应多观察孩子的表现，发现值得发扬的良好表现一定要及时提出表扬，让孩子的存在感得到满足，孩子的攻击欲望也就没有那样强烈了。

 ## 孩子是不讲卫生的"小邋遢"

家长常常会抱怨，孩子像一个小野人一样，刚换的干净衣服，不到几分钟就被弄得脏兮兮了；他们的小手似乎总是黑乎乎的，而且喜欢到处乱摸，常常跑到院子里玩泥沙，还总是拒绝爸爸妈妈的"勤洗手"提醒。孩子们似乎还有一个通病，就是害怕洗澡、洗头发，每次洗头洗澡时，就会百般拒绝，大喊大叫。家长不禁产生疑问：难道孩子喜欢自己邋遢的样子？

几位妈妈在一起讨论孩子不讲卫生的问题。

"帮女儿洗头实在是一件令人苦恼的事情。每次只要让她洗头发，水还没开始淋到头发上，她就歇斯底里地又踢又叫，真不知道如何是好。"

"我儿子今年四岁，整天就喜欢跑来跑去，什么东西都要摸一摸、拽一拽，双手总是弄得脏兮兮的，他还非常讨厌洗手，无论我们怎样催他去洗手他就是不动，继续该干什么就干什么。也不愿意让我们帮他洗，如果我盯着他，强迫他去洗，他也只是沾一下水，那根本不叫洗手……"

"我女儿的指甲长得很快，加上她喜欢到处乱摸，还经常去挖泥沙，指甲看起来又长又脏，可是每当我要帮她剪指甲时，她就会失控地尖叫抗拒，好像要割她的肉一样。"

"我女儿一向很喜欢洗澡，每次跟她说要洗澡时，她就会很高兴，还会跑到浴室门口等我。可是真的要洗澡时，她又会突然拒绝进入澡盆，这到底是怎么一回事呢？"

家长们说的一点儿都没错，孩子们喜欢到户外挖土和沙子，爱在小水坑里走，爱用手去搅池子里的水；他们想在草地上打滚，想用手攥泥巴，他们做这些快乐的事情时，能够获得无限的满足感。孩子们才不会在意把自己弄得脏兮兮的这件事情呢。在孩子们的意识里，他们重视的是精神上获得的快乐，并不会把注意力放在保持干净整洁上。所以孩子其实不是不爱讲卫生，而是他们更在意自己能否获得内在的快乐。

当然，孩子经常会受到父母的严厉警告："不许把衣服弄脏，也不许把东西弄乱，否则就惩罚你！"有的孩子害怕被惩罚，被父母的惩罚吓唬住了，于是严格遵守父母的警告，这样他们就会变得十分拘谨，玩耍的时候也总是感觉受到了拘束。有的孩子虽然也会顾虑到家长的烦恼，但是在快乐的玩耍面前，他们还是选择了后者。所以家长常常看到的，就是孩子总是一副邋遢、不讲卫生的样子。

对于孩子来说，他们不爱洗澡、洗头发、剪指甲，也不喜欢总是洗手，其实是有原因的。试着想一想，就连不会游泳的成年人在进入游泳池时，都会不禁产生畏惧，人本能的恐慌和无助会告诉他们立刻回到安全的地方。如果在洗澡或是洗头发的时候不小心呛到了，或是水滴进了耳朵，孩子心中肯定是存在极大的不安全感的。所以在下次进行这些活动时，那种让人感到窒息、不舒服的感觉会时刻萦绕在他们的脑海中，孩子就会表现出挣扎、抗拒、犹犹豫豫，在家长看来就是孩子不喜欢洗澡洗头发，是个不讲卫生的邋遢鬼。

同样地，孩子们总是抗拒给他们剪指甲、掏耳朵，这也不是他们不喜欢干净的表现。这有两方面的原因：第一，孩子无法理解指甲虽是身体的一部分，但剪掉时并不会有疼痛的感觉，而且他们不知道指甲剪掉后还会再长起来，所以才会害怕指甲被剪刀或是指甲剪掉。第二，剪指甲、掏耳朵的过程必须要求孩子安安静静地坐着不动，感觉手和脚就像被绑住了一般，这对好动的孩子来说无异于惩罚，孩子当然不会配合了。

至于孩子不喜欢洗手，通常是因为家长总是不停地唠叨，如果孩子不听话还会强硬地把孩子带到卫生间帮他们洗。虽然家长的想法是为了孩子好，他们担心孩子因为好动好闹，手上沾满细菌，在孩子吃饭、揉眼睛的时候进入身体，引起细菌感染和疾病，但是孩子还不能全部明白这些，他们对家长的唠叨和强制的命令感到不满意，所以总是躲避洗手，在他们看来有吃、有玩才是生活中最重要的，而不是洗手。

也就是说，孩子不是不爱讲卫生，也不是喜欢自己邋遢的样子，他们只是还没有注意到这一点，也还没有养成好的习惯。所以家长首先要让孩子关注自己的仪容仪表，告诉孩子讲卫生，保持干净整洁才能有健康的身体。其次，家长要引导和帮助孩子养成良好的卫生习惯。如饭前便后要洗手，衣服、鞋袜等要勤于换洗并尽量保持整洁，勤剪指甲等。另外要让孩子做一些力所能及的事，如让孩子自己洗一些小衣物、小手帕等，让孩子体会到劳动的辛苦，养成保持衣服整洁的习惯。

另外，家长还要注意，不要总是唠叨和监督孩子，尤其是在洗手时，本来四五岁的孩子已经能自己洗手了，但总是懒得去做，这时候家长通常都会采用强制性措施帮孩子洗手，孩子对这些事情失去了主控权，反而会产生抗拒心理，也就不喜欢洗手讲卫生了。所以，家长要想办法让孩子喜欢上勤洗漱、勤整理，而不是总跟着孩子屁股后面催促。

如何让孩子主动洗手：

1. 让孩子拥有洗手的主控权，不要没完没了地催孩子洗手，更不要强制地帮孩子洗手。可以陪孩子一起洗，给孩子做示范。如果担心孩子自己洗不干净，要等他洗完后再检查，不合格的话可以让孩子再洗一遍或带他再洗一次。

2. 利用香皂、洗手液等做诱惑。比如让孩子注意到香皂的外形、气味，增加孩子洗手的乐趣。

3. 让洗手变成有趣的比赛，家长和孩子在游戏结束或饭前需要洗手之前，可以和孩子约定"洗手比赛"，看谁洗得干净洗得快。

如何让孩子接受剪指甲：

1. 让孩子注意到指甲长了容易藏污纳垢，吃到肚子里会生病；

2. 告诉孩子剪掉指甲还能再长起来，让孩子有所期待；

3. 使用安全性高的工具，告诉孩子剪指甲一点儿都不痛苦，打消孩子的恐惧心理；

4. 把剪指甲变成游戏，可以让哥哥姐姐或是家人一起加入剪指甲的游戏，大家轮流剪，既不痛苦好像还很好玩，孩子便会主动要求家长帮他剪指甲。

如何让孩子不抗拒洗澡洗头发：

1. 缩短洗头发的时间，孩子不喜欢洗发时被强制拉扯的感觉，所以简便、迅速、高效率地洗头，孩子更能接受；

2. 做好洗澡洗头发前的工作，准备好洗发露、毛巾等，避免孩子的等待时间；

3. 控制好水温，避免水、洗发露等刺激到眼睛、鼻腔和口腔；

4. 分散孩子的注意力，在洗头洗澡时，可以让孩子注意香皂、洗发露的泡沫，"淋浴冒出来的水像下雨了"，等等。

 # 打人、骂人的孩子不一定是坏孩子

很多家长有这样的烦恼，自己平时很仔细地照料孩子，从来不在孩子面前有打骂他人的行为，可是不知道孩子从哪里学会了这些坏毛病，遇到不如意的事情或别人招惹了他，就会骂骂咧咧，甚至抬手打人。家长对孩子的表现感到很不解，难道孩子天生就有"暴力倾向"？

一天早上，妈妈正在给两岁半的女儿穿衣服，女儿忽然来了一句："臭妈妈，你真坏！你弄疼我了！"妈妈心里头一惊，但是脸上没有表现出来，反而平静地对孩子说："穿好衣服就快去洗漱吃饭。"女儿脸上露出惊奇的表情，但她不甘心，嘴里不停地嘟囔："臭妈妈、坏妈妈……"妈妈假装没听到，仍然忙手里的家务。最后，女儿终于沉不住气了，她一边摇妈妈的胳膊，一边对妈妈说："妈妈，我在说'臭妈妈'！"妈妈依然一脸平静："是，妈妈听到了……"女儿有些不甘心地结束了这个游戏。在之后的一段时间里，孩子用同样的方法试探了家里所有的人，而妈妈已经事先和大家都打好了招呼，不管孩子用多么"恶毒"的语言，我们都不要做出太大的反应。后来女儿终于彻底放弃了这个无聊的游戏。

妈妈带四岁的小强到公园玩滑梯，小强看到有好多小朋友都在玩，风一般地加入了他们的队伍。可是不到 10 分钟的时间，就听到一个小朋友哭着说："小强打我了，我要告诉妈妈！"而这个时候，小强的妈妈没有立即指责孩子，而是把孩子单独带出来，让他"暂停"游戏，过了一会儿，小强对妈妈说："妈妈，我不该打小朋友的……"

其实，年幼的孩子出现打人、骂人的行为，通常都不是预谋或恶意的。由于孩子的年龄小，他们还不懂得如何控制自己的情绪，在遇到不开心的事或是和小朋友发生争执时，他们就会用最直接的方式去处理问题，比如用一些能刺激到别人情绪的语言骂人或直接推开挡在他们面前的孩子，这些行为被大人看成了带有攻击性的行为，其实是夸大其词了。对于孩子们来说，他们不会把这些行为理解为伤害他人生理和情感的行为，更不会解释成无情的举动。比如孩子打骂了别的小朋友，家长常常揪着这个问题——"你不可以这样！不然小朋友再也不跟你玩了……"孩子则意识不到这么多，他们也不会去思考别人有什么样的感觉。反而，有的时候孩子会把这些行为理解成为爱和亲昵的表达方式。比如有的时候，家长会用责备或假装打人的方式哄孩子，孩子能够感受到家长对他们的爱，以为爸爸妈妈是在和自己做游戏，所以当他在和别的小朋友相处时，也会通过这些方式表达自己的情感。举个例子来说，家长总是这样和孩子说:"你不听话,当心爸爸妈妈打你屁股!"而孩子在和同伴相处时,也会有模有样地说:"你不给我玩具,我就打你屁股!"结果就真的演变成了一场"打骂闹剧"。

所以,家长要给孩子做出正确的示范,要教会孩子正确地表达爱的方式,比如亲吻、拥抱、握手等。家长也要注意,不要常常把教训孩子当成对孩子的教育,尤其是要把注意力放在孩子打人的行为上。

年幼的孩子无法拥有同理心,他们挥拳打哭同伴,很可能只是因为他们想要知道这样的行为会带来什么样的后果,他们不知道被打的人感受到的痛苦,也不知道要为自己的行为负责。所以当孩子抬手打人时,家长一定要非常严肃且坚定地告诉孩子:"不准打人,打人会痛,这是不好的行为。"如果自己的孩子被打,则要安抚他:"被打很痛,所以我们不可以打人。"

对于孩子的骂人行为也是一样,孩子的模仿能力很强,他们在和小朋友接触的过程中会无意地听到一些骂人的话,而当他们模仿小朋友骂人时,发现这样的行为能够很奏效地引起他人或家长的注意,并激起强烈的情绪反应,他们发现这样做很有趣,所以大多数情况他们骂人不是为了表达生气的情绪,而是淘气。如果家长对孩子的游戏行为不作回应,孩子很快就会主动放弃这个没意思的游戏了。

在理解了孩子打人、骂人并无恶意的基础上,家长也要注意,很多时候孩子已经意识到了这些行为是不对的、不可取的,但是为了引起父母的注意而故意犯错,父母越对他们的行为不闻不问,他们就越发强烈地表现自己的不满。这个时候,父母不要有负面的反应,以免中招,让孩子感受到错误的信息。当孩子能够听从父母的指示时,千万不要吝啬给他们的赞美,这样可以强化孩子的正向行为。归根结底,如果家长能够多关注孩子,给孩子足够的关爱,孩子就不会为了试探父母而故意犯错了。

孩子犯错,家长也要给予一定的惩罚,让孩子知道要为自己的行为负责。对孩子的惩罚要立即且适当，如果孩子打人而父母未立即指正，而是等回到家之后再惩罚孩子，孩子会因为无法连接两件事情的因果关系而感到委屈。如果孩子在玩游戏的时候打了其他小朋友，父母应该立即采取适当的处罚，但程度不要超过他们所犯的错。绝大多数孩子都很害怕惩罚，在孩子接受惩罚之前，家长可以采用"暂停"策略，这个策略的主要目的是让孩子有冷静思考的机会，反省自己的行为，重新控制自己的情绪。在经过一段时间的安静后，可以缓和孩子潜在的爆发情绪，"暂停时间"的长短需要视孩子个人的情况而定。比如孩子在玩滑梯的时候失手打了别的小孩子，父母可以禁止他们五分钟内不准和其他小朋友一起玩溜滑梯，孩子在这五分钟时间里就能思考自己的行为哪里出了问题。而对于有的孩子来说，五分钟可能非常漫长，可以提前结束惩罚；也或许五分钟太短暂，还来不及思考，所以惩罚结束后还未吸取教训，很快再犯，这样的话家长要再来一次"暂停"。

交换行为——孩子人际关系的开端

孩子慢慢长大，他们喜欢和小朋友在一起玩耍，度过愉快的时光。在相互的交往过程中，孩子的人际关系也开始了。

慧慧今年三岁了，她是一个聪明听话的孩子。一天妈妈带慧慧到游乐园玩耍，慧慧看到一群小朋友聚在一起玩捉迷藏的游戏，很想加入他们。可是慧慧有些胆小，不敢走过去和大家说话打招呼。妈妈看出了慧慧的心思，从包里取出一把糖果，对慧慧说："宝贝，把这些糖果分给大家吃吧！"在大家休息的时候，慧慧把糖果一一送到小朋友们的手中，大家都非常热情地表示了感谢。这时有一个小男孩站出来说："你叫什么名字啊？要不要和我们一起玩游戏？"慧慧听了，高兴极了，认真地做了自我介绍后，加入到孩子们快乐的游戏当中去了……

很多时候，孩子的交往都是从一件小礼物、一包小糖果开始的，他们或许并没有在意这些细节，但是往往伴随着这些交往行为，孩子的友谊便开始建立起来了。孩子们的世界很单纯，他们觉得谁给他们好吃的食物、好玩的玩具，就是在表达喜欢的情感，所以自然也就喜欢和他们在一起玩耍了。

当然，很多乐观外向的孩子有着天然的结交好伙伴的能力，他们非常善于表现自己，也擅长表达自己的情感。他们在孩子堆里一出现，就能聚集起很多很多小伙伴和他们一起玩耍，分享快乐。可是有的孩子可能因为性格有些腼腆，不太善于表现自己，所以和他们玩的小伙伴不多，孩子慢慢也就习惯了安静的环境，培养成了安静内敛的性格。若想让孩子能够多多地加入到群体活动中去，在集体活动中享受到更多的欢乐，那么孩子就需要掌握与人交往的技能了。其实对于单纯可爱的孩子们来说，做到这些一点儿都不难——只要多和同伴在一起，相互关爱，并且愿意付出，乐于分享自己的东西，孩子们便能很好地相处下去。

所以，家长要鼓励孩子走出门去，认识新的小朋友。如果孩子能够勇敢地迈出第一步，那么他们自然就能认识到更多的小朋友。家长可以利用各种场合，比如到亲戚家做客、到游乐园玩耍，让孩子有机会与小伙伴在一起交往和玩耍。另外，家长可以教给孩子一些交往礼节。比如如何称呼别人，如何主动跟人有礼貌地打招呼，怎样介绍自己让大家认识。这些都是孩子开始人际交往的第一步，家长教会孩子这些就相当于给了孩子一把打开人际交往的钥匙，让别的小朋友们能产生进一步了解他们的想法。

做到这些，孩子能够较为容易地走出人际交往的第一步，让大家有机会认识自己和接纳自己。

慧慧上了幼儿园，开始的时候她虽然还是有些害羞，不太敢和大家说话，但是不到几天工夫，她已经认识了班里所有的小朋友，并且还能一一叫上名来，她和大家相处得都很好。慧慧常常会把妈妈装在包里的小零食拿来给小伙伴吃，小朋友们也会把玩具拿来和她一起玩，拉着她一起参加活动。回到家中，慧慧跟爸爸妈妈讲了和小伙伴在一起的有趣的事情，爸爸妈妈都很支持孩子交朋友。慧慧有一个很好的小伙伴叫小如，她们有很多共同的兴趣爱好，总是能非常愉快地聊到一起。时间长了，她们成了最好的朋友，放学一起回家，周末一起玩耍做功课。有时慧慧遇到困难的事情，小如就想办法帮助她；如果小如不开心了，慧慧也会努力去逗她开心，她们之间的友谊还获得了老师大大的表扬！

当然，孩子的交往行为不仅仅局限于物质的交换，送给小伙伴物质的东西只是表达喜欢的一种简单的形式。对于孩子来说，他们更希望得到的是来自小伙伴的关爱和赞许。如第二个案例中慧慧和好伙伴小如之间的友谊，她们之间的关系已经不再是简单的物质交换关系，而是有很多相互支持、相互关爱。这对于孩子们来说更加宝贵，她们已经不再只有来自家长、老师的爱，也获得了来自同伴友谊的爱。这是她们个人成长中的重要时刻。

孩子的人际交往有很多方面，不仅仅只有与同伴的交往。在与长辈相处时，家长一定要从小培养孩子懂礼貌、尊敬师长的优良品德。家庭是培养孩子交往能力的重要场所之一，父母在平时的生活中，就可以对孩子进行锻炼。比如爸爸妈妈邀请长辈来家里做客，向客人介绍孩子，让孩子有和客人说话打招呼的机会，和客人谈话时不要总是让孩子回避，可以允许孩子旁听或为客人端茶倒水，客人能感受到孩子的付出，自然也会给孩子更多的关注和爱护。

Part 04
孩子是"小大人",社交习惯隐藏的秘密

6~12岁,孩子的社会化时期,调动全部去感知世界

随着孩子一天天长大,他们慢慢脱离稚气,变成了一个大孩子。6岁以后,孩子开始有了明显的变化,尤其是在与人交往和相处的时候,常常表现得像一个"小大人",让家长为之一惊。

张茜今年六岁了,过完暑假她就要升小学了,这意味着她再也不是一个不懂事的小朋友,而是一个乖巧懂事的大孩子了。她以前在幼儿园的时候可是个活跃分子,每天都是蹦蹦跳跳的,似乎只要有好吃的、好玩的,她就能感到非常满足。她喜欢和小伙伴疯玩疯闹,在与老师、长辈相处的时候也总是大大咧咧的,虽然大家都很喜欢她的直爽性格,但是希望张茜能够更好地成长起来。

最近一段时间,张茜好像变了一个人似的,和同伴们相处时不再是

你追我打，而是非常谦让有礼，有时候她看到别的同学在打打闹闹，还会上前阻拦："我们都是大孩子了，不要像个不懂事的小孩子那样了……"看到老师她会非常有礼貌地跟老师打招呼，面对爸爸妈妈的唠叨，她也不会总是听了就忘记了，而是认认真真地记在心里。这个改变让妈妈大吃一惊："孩子现在非常懂事，这些改变仿佛就像是在一夜之间发生的，太不可思议了……"

六岁前的孩子还处在儿童的稚嫩阶段，他们对世界还没有一个全面的认知，总是会依靠本能尽量地去实现自我满足，获得身体的存在感和心理上的安全感。在这个成长期间，孩子的性格自然也会趋向于更简单、更真实，他们能够不遗余力地表现自我，展现出自己的性格特征，并且成年人往往也对六岁前孩子们的宽容程度都很大，无论他们如何调皮捣蛋，大家都会认为这是孩子可以享受到的权利。

六岁以后，随着孩子心智的进一步发展，他们能够对世界有一定清晰的认知，开始理解人与人之间的关系和相处之道，慢慢地收敛天性，变成一个"小大人"的模样。这个时候成年人自然也会提高对他们的要求，不再把他们视为一个蛮横不懂事的小孩子，而孩子自身的发展也会要求他们对自己有更高层次的要求，心理上也会有更多需要满足的欲望，比如成就感、荣誉感等。因此，孩子在性格方面也会更接近于成人，会展现出明显的性格特征。正如案例中张茜的成长变化那样，幼儿园的时候疯玩疯闹、大大咧咧，如今要上小学的她开始注意自己的形象、表现，开始对自己有更进一步的要求，这是每个孩子都会有的成长过程，当然每个孩子因个体差异的不同，改变和表现的程度也不尽相同，但是六岁前后是一个明显的分水岭，是孩子个性发展和行为习惯最明显的时期。俗语常说"三岁看大，七岁看老"，大概就是这个意思。

这个时期孩子在与人交往和相处的时候，也会表现出明显的不同。他们不再像以往那样，高兴的时候就很乖，不高兴的时候就不理人，孩子能够有较好的自控力，他们能够收敛自己的不佳心情和坏脾气，在成年人面前表现出自己成熟的一面。并且，这个时期的孩子能够调动自己去感知和学习更多的东西，从而使自己的行为举止更加符合要求。这就是孩子在性格和社会交往上最突出的表现。

孩子到六七岁时开始进入"运思期"。心理学家研究指出，儿童到了11岁，大脑的发育基本上都已经完成，左脑的逻辑思考和理解能力，逐渐填补右脑思维所欠缺的部分，在认知和知觉机制上产生新的能力，近代知名儿童心理学家皮亚杰称其为"运思期"。因而，六七岁是孩子开始取得真正能力的年纪，他们开始主动地去学习。为了让自己能够将精力投放在学习上，孩子们会将其他不重要的欲望切断，脱离幼稚时期的表现。在具体的生活中表现为，他们不再会对学龄前所喜欢的玩具、填鸭式的图书或相关游戏感兴趣，他们开始在意什么是成年人比较关注的事物，也会希望知道更多复杂的知识，这些让他们感觉自己很棒，能满足心理上的需要。

进入"运思期"的孩子，大脑能够处理一些简单的抽象概念，以比较逻辑性和合理的方式进行思考，也开始有了合理推演的能力。具备了这些能力之后，孩子们就会更加注意细节，能分辨事情的细节和彼此的差异。总之，基本上已具有成人大部分的思考和理解的认知模式。但他们尚未有较抽象的思考力，这需要等到孩子能够观察、反省思考那一阶段（前青春期结束），才会明显显示。

孩子在学习过程中，能够调动自己的大脑去认知和思考，进一步尝试发展判断和评估的能力，这个时期的孩子很容易受到周围人的影响，所以家长多鼓励和支持他们，多引导和做出正确示范，是给孩子最大的帮助。

最重要的是，孩子在人际交往方面，具有超强的模仿能力。大部分情况下，孩子能够敏锐地发现人和人之间相处的关系和模式，通常都是别人怎样做，他们就跟着怎样做。与此同时，长辈或他人的做法、价值观、偏好都会影响孩子，所以家长更加应该注意自己在人际交往方面的认知和表现，给孩子做好最佳的示范。

这个阶段孩子趋向于团体的氛围。他们喜欢在同学中、在团体中互动，随时想要成为群体中的一分子，希望受到大家的喜爱和欢迎。在与别人相处时，他们比较注重规则，也知道自己应该扮演什么样的角色，所以能够表现得如同大人那样尊敬师长、爱护同伴，与他们和谐相待，彬彬有礼。

 ## 孩子为什么"人来疯"：选择性缄默

很多家长遇到过这样的情况，当客人来家里做客时，孩子就会表现得异常活泼、淘气，有时还会故意撒野，弄得父母很难堪。父母感到很惊讶，孩子平时很乖巧，做事也总是规规矩矩的，为什么会有这样的反常行为呢？也有的家长反映，孩子只和熟悉的人说话，遇到不熟悉的人时就低头不语。别人问他问题，他就用摇头、点头的动作来回应，很少和人交谈。还总是喜欢一个人躲在角落里，做自己的事情。家长感到奇怪，为什么孩子会有这样的表现？难道他们在心理上有什么障碍吗？

安安从小就活泼好动，他是一个典型的"人来疯"。每次有客人来家里做客，他都非常热情。但是有时候，安安的热情有些过度了，爸爸妈妈在和客人说话的时候，他总是想要插嘴，好像非常想要表现自己，如果客人比较宽容一些，他就会说个没完没了，爸爸妈妈劝阻时也不听，让人觉得有些奇怪。安安还总是仗着客人的爱护，常常对人家撒娇，甚至还要拉扯着客人一起跟他玩游戏。如果大家都不理他，他就会不停地在大家面前跑来跑去，有时还会把玩具扔得满屋子都是，如果爸爸妈妈制止她，他就会大吵大闹，上蹿下跳。爸爸妈妈感到非常不解，孩子平时不是这样的，虽然调皮一些，但也能安安静静地坐下来看书或是玩玩具，为什么一看到客人来就会有这样的反常行为呢？

倩倩则正好与安安相反，她自小就胆小怕生，喜欢待在家里不出门。偶尔爸爸妈妈带倩倩出门走亲戚，倩倩看到陌生人总是躲在爸爸妈妈身后，人家和她打招呼，她也总是怯生生地不敢答应。如果是爸爸妈妈和她说话，她就会小声回应。等到与大家熟悉了一些后，别人和倩倩说话，她就会用点头或摇头的方式回应，有时也会说一些简单的话作为回答。倩倩刚到幼儿园时的表现也是如此，老师让她回答问题的时候，她也不说话，小朋友和她玩耍，她也不理睬人家。但是后来遇到她喜欢的小朋友时，她又会很开心地在一起玩耍。倩倩的爸妈有些担忧，为什么孩子见到爸爸妈妈或熟悉的人就能正常说话，可是到了新的环境或看到不熟悉的人就会沉默不语呢？难道孩子是有什么心理障碍吗？

面对孩子出现的这些问题，家长常常会反思——难道是我们平时对孩子的关心不够，孩子感觉孤单了，所以才会有这样奇怪的表现吗？该采用什么样的方法，才能让孩子摆脱这些困扰呢？

我们来了解一下孩子表现出"人来疯"和选择性缄默时的心理反应：

"人来疯"的现象是孩子自我意识增强的表现，通常孩子从3岁以后，自我意识普遍得到增强，他们喜欢得到别人的关注，于是就会通过"折腾""玩闹"的形式，甚至近乎夸张的活动来吸引别人的注意。但是因为孩子的活动范围有限，基本上都是以家庭为主要的活动场所，所以每次家里来了客人，孩子的表现欲望就会大增，常常夸张地表现自己，直到得到客人的注意。当孩子被关注的心理得到满足后，他们就会停止夸张的表现，恢复正常。孩子的这一心理是可以理解的，因为孩子的自控能力比较弱，他们想要多和客人进行互动，但是又不知道该如何表达自己的情感，所以只能通过这些夸张的行为表现来让大家关注自己。因此，家长要经常带孩子去见识更多更好玩的东西，扩大他们的活动范围，多与人接触，并且要早早地教给孩子懂礼貌、尊敬他人的行为规范，也要多给孩子制造表现自己的机会，让他们被关注被需要的心理得到满足。这样孩子才不至于"人来疯"，一看到有生人来就特别激动。

另外，孩子的"人来疯"表现，与父母平时的过分溺爱或对孩子的要求过分严厉有关。家人总是过分溺爱孩子，孩子提出的要求也会很快得到满足，这无形中就助长了孩子以自我为中心的心理，而当客人来到家里时，大人的注意力会转移到招待客人上，此时孩子能够强烈地感受到自己"被忽视"了，因此他们希望通过夸张的活动来引起大家的注意。与此相反，如果父母平时对孩子的要求过分严厉，也会导致孩子出现"人来疯"的表现。因为父母对孩子的期望过高，平时对孩子总是严加管束，当客人来时，父母的注意力不在孩子身上，孩子自然会抓住这个机会，尽情地释放自己，而且客人往往对孩子的表现怀有宽容的态度，因此孩子就会肆无忌惮地将自己粗鲁的一面表现出来。因此，家长在对待孩子时要把握适度原则，不要过分溺爱也不要过于苛刻，给孩子营造一个舒适、宽松有度的成长空间。

如同案例中的情情一样，孩子出现选择性缄默的情况，是因为他们在接触到陌生人时感到害怕、紧张和畏惧。通常情况下，内向型的孩子更容易发生选择性缄默的情况，因为孩子性格内向、胆小敏感，心理素质较弱，不太善于表达自己，所以总是选择用沉默的方式面对。孩子出现选择性缄默，与个体的发育情况也有关系。有的孩子语言能力发育迟缓，在讲话的时候反应慢，组织语言的逻辑能力差，当孩子害怕别人听不明白自己想要表达什么，或是曾经因为表达不清楚受到过嘲讽时，他们一到和别人对话的时候就会产生自卑心理，于是拒绝讲话。另外，家庭环境对孩子有非常重要的影响，如果孩子生活在家庭封闭、由隔代抚养的家庭，由于父母过分溺爱或放任，孩子缺乏社会经验，很少参加集体活动，当孩子与他人交往时容易产生恐惧心理，为保护自己而拒绝交流。另外，孩子的情绪容易受环境的改变而变化，比如孩子来到陌生的环境、受到惊吓、初次离开家庭、环境骤变等都会对孩子的心理造成刺激，进而影响到他们与人的交往。

家长需要提高警惕，选择性缄默对儿童正常的交流会造成很大的影响，对他们的身心健康都不利，所以家长应该及早发现及早帮助孩子克服。在平时的生活中，家长要尽可能地给孩子营造宽松自在的家庭环境，多关心和陪伴孩子，每天都要与他们有沟通交流的时间，培养孩子的语言表达能力，多鼓励孩子参加集体活动，并和孩子分享集体活动的乐趣，避免他们受到惊吓等刺激，如果孩子不愿意说话时，千万不要勉强他们，可以在和孩子玩耍、游戏的过程中缓解他们的紧张心理。

 是什么给孩子贴上了"生人勿近"的标签

在很多家长看来，孩子认生是一件再正常不过的事情了。试想，当一个陌生人突然走过来，没有征得你的同意，便毫不客气地摸你的头、捏你的脸、对你又搂又抱，还问一大堆愚蠢的问题，你会做何反应？所以，家长虽然总是表现得很热情友好，其实他们心里是默许孩子认生的。为了更好地照顾孩子，很多家长会给孩子贴上"生人勿近"的标签，让孩子得到"严密的保护"，这样的方式对于孩子来说究竟是好还是不好呢？想必家长也想知道答案。

天气晴朗的一天，妈妈带着不到两岁的欢欢到公园玩耍。欢欢被眼前的景色吸引住了，他看着人们跑来跑去，高兴得手舞足蹈。这时，邻居家的王奶奶从远处走过来，笑眯眯地看着欢欢，还一个劲儿地逗孩子："欢欢，让奶奶抱抱你？"说着就伸出了双手，欢欢一听，"哇"地一声就哭了起来，他推开王奶奶的手，哭着跑向妈妈。妈妈抱起他一边安慰，一边说："这是王奶奶，怎么不认识啦？上次王奶奶抱你的时候，你那么听话，怎么突然就不乖了呢？"王奶奶不好意思地说："没事没事，孩子认生，很正常的。"妈妈连连应声："是的是的，孩子最近怕生，每次都是这样……"

事后，妈妈不禁思考：孩子认生到底是好事还是坏事呢？好的一面是，孩子不容易相信陌生人，避免了孩子受到伤害的危险，同时也避免了孩子频繁与他人接触带来的负面困扰，孩子能够与父母更亲近；不好的一面是，孩子怯生常常让别人觉得尴尬，以后也不敢轻易向孩子表达亲热了，这样对互相之间的交往肯定会造成阻碍，也减少了锻炼孩子胆量的机会。因而，妈妈有些纠结。

幼儿害怕与陌生人接近，这种现象称为"怀疑陌生人"。在孩子脱离婴儿期、学步期后的一段时间里，他们会较为普遍地患上"怀疑陌生人"偏执症，除了爸爸妈妈和同住的家人，任何其他成年人都会被视为潜在的威胁，即便是不常见的爷爷奶奶也是一样，不太容易能够得到孩子的信任。

其实，孩子的认生不是突然发生的，它是一个逐渐显露的过程。很多孩子在一岁的时候会出现认生现象。在这个时期，因为幼儿比较依恋母亲，所以人们常常认为认生和依恋关系有关，是一种不可避免的、普遍存在的现象，也能自然理解孩子的这种表现。其实，孩子认生并不普遍存在，有很大一部分孩子非常喜欢和人交往，也愿意与他人亲近。父母担心孩子会受到意外而加以阻拦，他们反而会表现出不开心不满意。

据调查研究表明，孩子在看到生人时产生的紧张、害怕感觉的程度取决于很多因素，这些因素中包括陌生人的行为特点、儿童发育的状况、儿童当时所处的环境，等等。以下是几项重要的因素：

1. 父母是否在场。如果父母抱着孩子，孩子能够感受到安全感，他们心里的紧张程度就会减弱，这时即便有陌生人靠近，对孩子的影响也不会太大。当时如果父母与孩子有一段距离，或是不在孩子身边，孩子的心中就会持续存在不安感，当陌生人和不熟悉的人靠近时，恐惧感就会剧增，因而表现出害怕、怯生。

2. 看护者的多少。如果孩子平时只由他的母亲看护，那么这个孩子面对生人时所产生的害怕程度可能就比由许多成人看护的孩子要高很多。

3. 孩子与母亲的亲密程度。孩子和母亲的关系越亲密，孩子遇到陌生人时就越害怕。

4. 环境的熟悉程度。如果家里来了陌生人，那么孩子认生的反应相对偏弱；如果是孩子到一个陌生的环境里，这时有陌生人走过来，几乎50%以上的孩子都会产生害怕的感觉。

5. 陌生人的特点。孩子有时并不是对所有的陌生人都感到害怕，比如他们对陌生儿童的反应与对陌生成年人的反应就有很大的差别，表现为对陌生儿童产生积极温和的反应，而对陌生成年人感到畏惧和害怕。此外，脸部的特征、穿着打扮，也是引起孩子产生不安全感的影响因素。

6. 孩子接受刺激的多少。孩子平时获得的听觉刺激和视觉刺激越多，往往不容易认生，就是我们常说的胆子大；相反，孩子对刺激比较敏感，很容易产生害怕等情绪，比较认生。

家长要想办法去除孩子"生人勿近"的标签，因为它的危害是巨大的。首先，家长总是认为孩子比较脆弱，于是把孩子藏起来完全不接触陌生人，这样孩子的个人交往能力的发展就会受到影响，时间久了孩子自然就养成了生人不能靠近的不好习惯。其次，孩子很少与外界接触，很少和小朋友们一起玩耍，这样孩子接触到的外界新奇的事物机会就变小了，孩子以后就会出现比常人难以融入外部环境中的情况。再次，孩子不喜欢待在某个环境中，或是不愿意与他人接触，家长可能会犯勉强孩子的错，让他们做自己不喜欢的事情，这样孩子的安全感就遭到了破坏，他们很可能出现不喜欢接近人的表现。复次，孩子在成长的过程中，习惯了让妈妈来照顾，而爸爸、爷爷奶奶等亲人照顾孩子的机会比较少，这样孩子容易对单一的照顾者产生过度的依恋，进而拒绝别人的亲密，总是产生"怀疑陌生人"的心理。最后，当孩子面对生人时，总是哭闹和流眼泪，家长会错误地选择让孩子回避，而不是通过鼓励孩子多与人交往，也会影响孩子的信心和安全感的建立。如果家长能够给孩子建立起自信心，有礼貌地跟生人打招呼，这样的锻炼能够使得孩子敢于表现自己，锻炼他们与人交往的能力。

 ## 只有跟同龄人相处，孩子才能感觉到自在

有位家长反映，自己家的孩子有这样的表现：他很喜欢和同龄人在一起，无论是学习还是玩耍，总是能相处得非常愉悦，但是孩子似乎很惧怕除爸爸妈妈以外的成年人，即便是对大哥哥大姐姐也不太容易产生好感。这位家长感到不解，难道孩子交朋友也有"三六九等"之分？

琪琪是一个四岁的小女孩，她非常喜欢和小朋友们在一起。自从她上了幼儿园以后，新认识了好多小伙伴，无论男孩女孩，他们常常在一起玩耍、做游戏，一起制作手工，互相赠送小礼物，似乎总有聊不完的话题，每天回家的时候还依依不舍，很期待第二天的见面。妈妈对琪琪非常放心，她这样受大家的欢迎，相信孩子的交往能力是很好的了。

可是这天妈妈发现，琪琪回家后有点闷闷不乐的样子。妈妈以为孩子哪里不舒服了，于是一边安慰一边问孩子发生了什么事情，孩子支支吾吾说不清楚，只是说小哥哥小姐姐都不喜欢她。妈妈还没弄明白怎么回事，幼儿园老师就打来了电话。老师说了事情的经过，今天老师安排幼儿园大班和小班的孩子进行联谊活动，每个孩子都积极地参加了进来，但是琪琪可能是有些拘束，表现得不太好。在评奖阶段，老师请每一位大哥哥大姐姐挑选出最喜欢一起玩的同伴，结果琪琪得票比较少。这说明琪琪与同伴交往的能力还需要培养。妈妈有点儿纳闷，孩子们之间应

该是最容易相处的啊？为什么会出现这样的情况呢？

其实，孩子乐意和同龄人交往，不太擅长与非亲近的成年人或大龄孩子交往也是可以理解的。因为通常同龄的孩子更容易形成一种平等、互助的关系，相比较成年人或是非同龄人，他们之间形成的关系往往与前者有很多不同之处，形式也比较复杂，所以在孩子的有限认知范围内，他们还不能轻易地接受这些关系，因此可能就会表现出不同程度的抗拒或产生不自在的感觉。

孩子受到心理方面的干扰，行为表现也会受到影响。经常表现为不愿意理睬、不搭话、躲避甚至是违逆，比如大朋友跟他们说话，孩子听到了但故意不理睬；大人问孩子问题，孩子知道答案但就是不回答；或是看到不喜欢的人就躲起来，等到他们离开后再继续自己的活动；还有一种情况是，老师或哥哥姐姐让他们做一件事，他们非但不做还要故意捣乱。这些行为表现和心理反应都是不正常的，不利于孩子身心的健康发展，对他们个人的交往能力也会有所限制。所以家长应该了解孩子的心理，帮助他们克服心理上出现的偏颇，让他们不仅能和同龄人有正常的交往关系，与成年人和非同龄孩子也能相互理解、相互帮助。全面的交往关系能够促进孩子人际交往能力的提高，是孩子社会化发展的需要。

孩子早期与同伴的交往可划分为三个阶段：第一，是以客体为中心，孩子最初的交往更多地集中在东西或玩具上，而不是孩子本身。所以无论是大人还是非同龄儿童，可以尝试先和孩子有共同爱好的东西、产生共同的话题，当孩子愿意以此为开端时，那么与他们之间的情感也能很自然地发展起来。如果成年人或非同龄人总是以挑逗孩子作为认识孩子的开端，往往容易让孩子产生不好的感觉，反而影响他们之间的交往。第二，是简单的交往阶段，孩子在与同龄人相处时，能够非常自然且直接地对同伴的行为做出反应，而可能在与非同龄人或不熟悉的人身上，难以做出准确的反应，这也影响了他们与成年人和非同龄儿童之间的交往。第三，是互补性交往阶段，孩子与同伴之间的行为趋向于互补，但是与成年人或非同龄儿童可能并不互补，所以也会受到影响。这样，则需要成年人更加富有童心，行为举止等方面趋向于儿童，才可能会有所改善。

孩子是否喜欢与同龄人交往，这与他们自身的交往能力有关。比如有的孩子就非常喜欢和大人相处，而有的孩子只愿意与同龄人玩耍。那么家长会问，是什么原因导致孩子的交往能力受到了限制呢？第一，与家长为孩子提供的家庭环境有关，家长给孩子创造和谐、亲密、宽松的家庭关系，孩子在家庭环境中能够充分地表现自己，他们就敢于在他人面前展示自己的特点，反之孩子在与他人相处时就会感觉拘束，不愿意表现自己。第二，父母给孩子的关心和爱护不足，孩子对安全感和存在感的建立就会受到影响，因而习惯了隐藏自己，这样也容易影响孩子的心理健康。第三，家长平时的活动范围有限，孩子也很少会有和其他人打交道的机会，这样孩子锻炼自己人际交往能力的机会就受到了影响。还有一种情况是，家长只注意到给孩子创造和小朋友交往的机会，而忽视了和大人说话、相处的机会，这样孩子自然也变成能和同龄人相处，而不擅长和成年人打交道。

所以，家长要给孩子创造宽松的环境，建立好基本的情感需要，让孩子喜欢并且擅长表现自己的美好一面，也要创造机会让他们和大人相处，鼓励孩子和同龄人交往，比如请哥哥姐姐帮助自己，或是让孩子照顾弟弟妹妹，通过这些很自然的事情培养孩子的交往能力。

 ## 陌生环境将孩子的表现力牢牢锁住

很多家长反映，孩子在家里和外面有完全不同的表现，有的孩子在家里乖巧听话，可是一到了学校或是公共场所，就又吵又闹。有的孩子在爸爸妈妈面前肆无忌惮，可是一见到老师和同学，像变了一个人似的，非常听话。好多家长疑惑不解，难道孩子有双重性格？是什么原因导致了孩子在不同的环境下有不同的表现呢？

文文是一个三岁半的孩子，他有很多才艺，比如唱歌跳舞，还非常喜欢模仿。在家里的时候，文文经常在爸爸妈妈面前进行模仿表演，模仿喜剧演员的动作、表情，学得有模有样，常常把爸爸妈妈逗得哈哈大笑。妈妈觉得孩子非常有表演天赋，就给孩子报名参加电视节目和表演比赛，可是文文似乎有些胆小，一到了陌生的环境就感到害怕，连说话都说不利索了，更别提表演了。

小娇的妈妈说，自己家的孩子也有这样的表现。小娇本来是一个非常安静的孩子，她喜欢学习画画，也能和小朋友们相处得很愉快，很少让爸爸妈妈操心。可是最近一段时间，小娇妈妈只要带孩子到公共场所，比如在购物中心或搭乘公交车时，孩子就会不停地吵闹、大声喧哗，每次都是这个样子。妈妈不停安慰孩子，可是孩子就是听不进去，直到回到家中才会安心下来，打扰到了别人也让妈妈感到特别难为情。不仅是在公共场合，就连妈妈带着小娇到亲戚家、邻居家、爷爷奶奶家做客，小娇也会不停地催促妈妈："我们赶紧回家吧，我不喜欢这里！"妈妈感到不解，为什么孩子会有这样的表现？

其实，孩子的这些表现并不难理解。他们在家里的表现和在外面的表现截然相反，或是在熟悉的人面前和陌生人面前的表现不尽相同，这两种不同的表现关键在于环境的不同。也就是说，孩子在家里或是熟悉的人面前，能够更加从容，感觉更自在和舒服，无论是乖巧可人，还是嚣张跋扈，都会表现出一个真实的自我；他们在陌生的环境，或者是在不熟悉的人，包括刚刚认识的新朋友、老师、亲戚等人面前刚好相反，孩子往往想要给他们留下一个好的印象，所以会在潜意识里提醒自己要表现得体，不能有不好的表现，这就使得他们在不同的环境下有完全不同的表现。

孩子有这样的表现，家长不用过分担心，要知道即便是成年人也会有这样的行为表现，这是很正常的现象。当然，这并不是说家长可以什么都不做，任由孩子自由发展。因为在很多情况下，孩子无法适应陌生的环境，会影响他们的表现力，甚至影响孩子性格的形成和个人能力的发展。

孩子害怕在陌生的环境中表现自己，与父母平时的教育方式有关：第一，家长很少会带孩子到陌生的环境中去锻炼自己，孩子也很少接触陌生人，这样孩子一旦来到陌生的环境，看到陌生人，就会产生恐惧感，影响他们的表现能力；第二，孩子一出现恐慌、畏惧的情绪反应，家长就带他们离开，给予安慰，这样孩子就会失去锻炼自己胆量的机会；第三，孩子对陌生的环境很敏感，可家长不会使用恰当的方法慢慢鼓励孩子，稳定孩子的情绪后，尝试引导孩子说话、表达自己的情感，进行各项活动。其实孩子适应新环境的能力还是很强的，多数情况下是因为家长没有做好引导工作；第四，孩子的活动范围很小，家长常常让孩子待在家里，认为这样孩子就不会受到伤害，其实多带孩子串门、拜访邻居亲戚，这样孩子才更愿意表现自己；第五，照顾孩子的对象单一，比如孩子由保姆或爷爷奶奶照看，很少看到自己的父母，这样孩子的安全感建立就会受到影响，他们在熟悉的环境中还能够正常表现自己，可是一到了陌生的环境，就会感到缩手缩脚；第六，孩子需要经常得到鼓励和肯定，当孩子能够在陌生环境或陌生人面前不紧张、不拘束时，家长要及时表扬孩子，这样孩子才愿意更多地表现自己，不断提高自己的表现能力，在得到大家的喜爱和赞美的同时，满足自身的心理需要。

总之，家长应该采用积极的方法引导孩子，让他们能够学会适应陌生环境，与陌生人打交道，锻炼孩子的独立意识和与人相处的能力。

孩子如何表现自己，才能被老师更喜欢？

1. 管好自己。老师对每一个学生都是一视同仁的。当然，每个老师都更喜欢品学兼优、有才华的学生，并且对擅长表现自己的孩子老师也会给予特别关注。所以学生不必担心老师不重视自己，只要管好自己，能够不断进步，老师是能发现孩子的闪光点的。当然，家长要耐心引导孩子，鼓励孩子多表现自己，让新老师尽快发现、了解自己，从而尽早适应新老师的教学方式和风格。

2. 善于表现。老师最喜欢聪明、听话的学生，尤其是在合适的场合恰当地表现自己聪明才智的学生。比如在课堂上，老师最怕最担心的就是"冷场"——课堂气氛不活跃，没有学生举手发言。这个时候如果孩子能够积极地配合老师，并能举手发言，勇于发表自己观点，则更受老师的欢迎。

3. 尊敬师长。每位老师都希望受学生的欢迎，所以孩子表达爱老师最好的体现就是尊敬老师，这是学生给老师最大最好的礼物。

4. 及时沟通。无论是在学习中还是在生活中，孩子遇到问题一定要及时与家长、老师沟通，及时有效的沟通不仅是解决问题关键的第一步，在情感建立上也是非常重要的。

 ## 孩子是一个易碎的"瓷娃娃"

不少家长认为，孩子年龄小，心理承受能力弱，在遇到困难的时候肯定难以承受，所以总是把孩子放在"温室"里培养，不让他们受到一点点磨难和历练，甚至在与人交往的时候也是如此，时时处处"护"着自己的孩子，生怕他们受到伤害。这样的培养方式，无形中就把孩子培养成了碰不得的"瓷娃娃"。

苗苗今年四岁半了，一直被爸爸妈妈娇惯着。苗苗学走路时不小心摔倒了，妈妈就赶紧上前扶起，生怕孩子摔疼了；苗苗和小朋友抢玩具，妈妈也急忙过去阻拦，总是担心孩子会吃亏。爸爸妈妈对苗苗的照顾可谓面面俱到，把大大小小的事情都替孩子做好，从来都不用苗苗参与。爸爸妈妈认为女孩子就应该娇惯一些，而且作为父母，为孩子做这些都是应该的。可是，苗苗马上就要上幼儿园了，要离开爸爸妈妈自己生活，然而苗苗的独立生活能力很差，甚至不敢主动交朋友，这让爸爸妈妈开始犯了愁。

苗苗来到幼儿园，老师问她问题，她也不敢回答，总是低着头支支吾吾的；小朋友找她来一起玩耍，苗苗也胆怯地不敢参加。幼儿园举行大扫除，大家都积极踊跃地参加，只有苗苗不肯动手，还理直气壮地说："妈妈从来不让我干这个，会弄脏衣服的!"苗苗和小朋友一起做手工，制作手工是个细致的工作，苗苗觉得有点儿困难，就说要找爸爸妈妈帮忙。老师鼓励她自己完成，结果苗苗就哇哇大哭起来。

面对孩子这样的表现，老师和家长都很无奈。爸爸妈妈这才意识到了需要早早地培养孩子的独立意识，让孩子接受一些挫折教育，过于娇惯孩子就是在害孩子，以后时时处处更让家长操心。爸爸妈妈决定导正孩子，可是孩子的坏习惯不是一天两天养成的，要如何纠正呢?

正如案例中的苗苗一样，现实生活中有很大一部分孩子正在被父母娇惯着，家长为孩子提供了优越的生活环境，希望孩子能顺顺利利地成长，不要遭遇任何困扰，虽然家长的用意是好的，但是殊不知，孩子在这样的条件下成长起来，他们没有机会锻炼自己的抗挫折能力，独立意识自然会很弱，与人交往的能力也不强。当孩子独自生活时，这些问题就暴露出来了，孩子一遇到困难就想着退缩，寻求他人的帮助。这对孩子的个人发展是非常不利的。家长应当有忧患意识，提早让孩子接受一些挫折教育，经历他们自己应当面对的困难，这样的经历对孩子的成长是有好处的。

　　我们来分析一下孩子为什么会心理承受能力不强，表现得害怕挫折。

　　首先是因为家长在平时的生活中没有注意对孩子进行挫折教育。孩子一遇到困难就逃避、选择放弃或是寻求父母的帮助，而家长普遍担心孩子应对不了眼前的问题。也有的家长溺爱孩子，于是就替孩子包办代劳，这样孩子失去锻炼自己的机会，慢慢就容易依赖父母，没有自主处理问题的能力。

　　其次，随着人们生活水平的提高，孩子们生活在相对优越的环境中，衣食无忧，他们不知道美好的生活来之不易，而家长也没有教导孩子需要珍惜眼前的一切，因此孩子就会养成一些铺张浪费、养尊处优的习惯。这些都是不好的习惯，会影响孩子正确的价值观的建立。

　　再次，孩子的心理承受能力比较弱，是因为他们在平时的生活中遇到情绪不好的时候，常常不能够正确地发泄，这样就导致孩子的心理压力增加，不利于他们的心理健康。而且家长缺乏对孩子的引导，孩子的自控能力有限，他们也不能够运用理智去调控自己的情绪，往往就会导致孩子心理承受能力弱，抗挫折能力不强。当然，心理承受能力的锻炼应当以良好的行为习惯作基础，慢慢地发展起来。所以家长要注意培养孩子好的行为习惯，引导孩子独立去处理问题，并且在坏情绪产生时，学会运用理智去调控情绪，合理发泄。这样在提高自控能力的同时，还能加强孩子的心理承受能力。

　　复次，孩子的心理承受能力弱，是因为他们内心的安全感和存在感缺乏，孩子感觉自己不被父母关爱，不受大家注意，心里就会感觉焦虑，变成一个易受打击的"瓷娃娃"。所以家长应多关心孩子的心理发展，多给他们一些鼓励，增强孩子内心的安全感的建立。另外，当孩子遭遇挫折时，他们需要家长的鼓励和支持，这样孩子才能够鼓起勇气去面对，才有信心战胜困难，提高自己的心理承受能力和抗挫折能力，而很多家长忽略了这些，孩子遇到困难或是遭遇了失败的时候，错误地采取了置之不理或是指责孩子的做法，孩子不仅没有得到及时的安慰，自信心还受到了严重的打击，以后一遇到困难就会选择逃避，不利于孩子积极乐观的态度的建立。

最后，孩子的活动范围有限，他们不能够接触到更多新鲜有趣的事情，也不利于孩子人际交往能力的发展，这也导致了孩子的心理脆弱。

以上这些是导致孩子心理承受能力弱的原因，家长可以根据孩子的表现分析他们的内心出现了哪些问题，然后寻找解决方法。比如可以在平时的生活中适当让孩子接受挫折教育，通过劳动等方式让他们学会珍惜，同时也能培养他们独立自主的生活能力。当然家长一定要教给孩子如何疏导坏情绪，释放不当的心理压力，家长还要多培养和鼓励孩子，让孩子建立好安全感和勇气，拓宽孩子的活动范围，这些都能有效地帮助孩子在实践当中提高抗挫折的能力。最重要的是家长应该相信孩子能够应对很多问题，也能够与大家相处得很好，他们要比成年人想象得更加坚强。孩子的潜能是非常大的，他们不是易碎的"瓷娃娃"，没有家长想象的那么不堪一击，所以家长没有必要过分担心。相信孩子，放手让他们自己锻炼，当孩子经历了考验，他们才能在不断的历练中成长起来，培养成执着坚韧的品格，这将让孩子受益终生。

 ## 孩子抗拒社交活动、不敢说话：社交恐惧

有的孩子会有这样的表现，他们害怕见生人，甚至在和熟悉的人说话的时候也会表现出紧张和脸红，不愿意到人多的地方凑热闹，有时还会口齿不清、说话语无伦次、不敢抬头看人。情况更加严重的，在与人交往时会出现惶恐不安、心跳加快、手足无措的现象，这些都是孩子有社交恐惧的表现。

王艳的学习成绩很优异，但是她平时话语很少，朋友也不多，而且

她不喜欢参加集体活动。每次学校组织比赛或是夏令营，王艳都会找各种理由拒绝。有一次，王艳在一项竞赛中获得了第一名的好成绩，老师请她在同学们面前发言。由于王艳平时很少和同学们在一起，所以站在演讲台上时，看到那么多双眼睛看着她，紧张得连话都说不出来，感觉全身都在冒汗。她结结巴巴地讲完后，大家都表现出了不满，就连老师也似乎是一脸失望的表情。王艳从来没有感受到如此沮丧，她觉得自己非常失败，恨不得在地下打个洞钻进去。然而，她只能灰头土脸地结束了这场表现糟糕的演讲发言。

事后，老师找她谈心，王艳也不敢正视老师的眼睛，感觉自己是做了什么不光彩的事情一样，老师只好给她一些安慰的话，然后鼓励她继续努力。因为爸爸妈妈对王艳的要求比较严格，所以王艳在回到家后也不敢去找爸爸妈妈讲述发生的事情，以及倾诉自己的心理，她害怕爸爸妈妈说她没出息，投来同样失望的目光。她只好默默地忍受这些痛苦。后来，王艳变得越发自卑了。同学们找她问学习上的问题或一起参加活动，她都总是会想到那些尴尬的场面，因而总是拒绝别人。

多数情况下，有社交恐惧的孩子常常会被父母误认为是听话、老实、不淘气，实际上是因为这些孩子的心理出现了一些障碍，比如自卑情结、自尊心受到伤害等，这些情况下孩子就会有抗拒社交活动、在与他人相处时产生不安和惶恐的外部表现。

家长会问，是什么原因导致了孩子的社交恐惧心理？通常，那些经常在学习和生活中受到父母或老师的批评的孩子更容易产生自卑情结，他们难以感受到父母和老师的关爱，感觉自己处在不安全的环境里，总是会产生紧张和局促感。有时，孩子犯一个小小的错误，都可能遭到家长的严厉惩罚，这样在孩子的心里便产生了恐惧感，他们不再信任家长，遇到问题总是想要逃避，即使是有同伴向他们发出友善的信号，他们也会产生怀疑。社交恐惧的孩子常常愿意把自己孤立起来，这样就会对他们的日常生活造成极大的障碍，对孩子的身心健康发展都不利。

社交恐惧的来源主要是社交动机，如果孩子的社交动机是希望在别人心中留下好的印象，那么他们的恐惧感就会增加；如果孩子能够懂得用平和的心态去面对生活，正常地社交，这样反而能够取得更好的效果。当然，造成孩子社交恐惧的另外一个重要因素是社交技能的缺乏，一些父母或老师过于关注孩子的学习成绩，而忽视对孩子社交技能的培养，孩子不知道该如何跟别人相处，而父母也不能给他们正确的引导，这样孩子很容易养成依赖、害羞、胆怯、孤僻的个性。孩子有社交恐惧障碍，就无法建立稳定的人际关系，他们慢慢会变得内向、孤独，还可能导致人生观也变得消极、悲观。

进一步分析，孩子产生社交恐惧障碍，有以下几方面原因：第一，孩子的自卑感严重。孩子不能全面、正确地认识自己，他们就会犯过于自尊或者是盲目自卑的错误。比如孩子在认识自己的过程中，可能会发现别人身上的优点是自己不具备的，因此认为自己要比别人差，产生自卑心理，这样孩子与他人相处时就会受到影响，时间久了孩子的社交减少，慢慢就会产生恐惧心理。第二，孩子的活动范围有限。害怕社交的孩子往往都比较内向，而且父母没有注意到要扩大孩子的活动范围，这样孩子的社交活动就受到了阻碍。第三，孩子只和熟悉的人打交道，很少和陌生人说话，这样也会影响他们的社交能力。第四，孩子缺乏社交知识和技巧，比如他们不知道在待人接物的时候应该如何表现自己，如何称呼长辈、同伴，这样孩子在与人相处时容易感到拘束，所以会有社交恐惧的出现。

由此可见，要缓减孩子的社交恐惧，家长就要多鼓励孩子参加集体活动，让孩子尝试主动与同伴、陌生人交往，在不断的历练中逐渐去掉羞怯、恐惧的心理，使自己变得开朗、乐观、豁达。也可以帮助孩子创造机会，比如带孩子到朋友、亲戚家做客，或是请孩子的同学来家里玩，让孩子能够多接触到不同的人，培养他们的交往能力。家长还要教给孩子一些社交知识和技能，让孩子能够从容应对各种社交场合。其实父母最重要的是给孩子做好榜样，父母待人接物时的行为表现，孩子能够自然而然地学会并且加以运用，家长就不用再担心孩子会有社交恐惧了。

教会孩子与人相处的技巧，让他玩得更开心

1. 使用礼貌用语。比如"你好""谢谢""抱歉""打扰了"等，孩子说话时礼貌客气，更容易被人接受和喜爱。

2. 有礼貌地打招呼、聊天。在见到长辈时要先称呼，再问好，说话时看着对方的眼睛，要发自内心地微笑。

3. 不要侵犯别人的自由。他人的东西，不可以乱拿乱抢，如果想要别人的玩具首先要征得对方的同意。平时在家里也是一样，父母要相互尊重，不要干涉孩子的行为。

4. 学会用欣赏的眼光看他人，多赞美别人。家长发现孩子的优点，要多夸奖，比如说"你真棒""你是善良的孩子"，孩子和他人相处时，自然也能够时常夸赞对方，赞美同伴，别人会觉得与他们相处非常开心，自然也愿意继续交往。

Part 05
小习惯、大心理，聪明家长见微知著

孩子为什么总觉得很"心累"

家长看到这个标题时，可能会觉得诧异，孩子小小年纪最是天真无邪了，他们怎么会觉得"心累"呢？这不是在耸人听闻吗？不是的，这里说的"心累"是指孩子的精神状态和心态，孩子虽然年纪小，但是孩子的意识和习性是在不断成长的，他们在童年时代最容易接受到来自外界的影响，通常这些影响与父母有很大的关系。比如父母积极乐观，孩子也会活泼开朗，如果父母的精神状态不佳，也会对孩子的成长造成影响。

天天是一个五岁的小孩，他从有记忆起，就很少见到爸爸。因为爸爸总是要出差，很多时候天天记住的都是爸爸拉着行李箱出差的背影。而妈妈的工作也很忙，每天都是早出晚归。每当天天看到别的同学和爸爸妈妈在一起说笑聊天的时候，他就非常羡慕，但是为了不让大家发现他的心思，他有意地封闭自己，越来越孤僻。

尤静生活在一个家庭优越的环境里，她又是独生女，家人对她抱有很高的期望。尤静对自己的要求也很高，学习总是刻苦努力，成绩一向都是名列前茅。直到有一次考试，尤静发挥失常没有考好，成绩很不理想，为此尤静一直闷闷不乐。不过她的父母并没有因为这次考试失利就责备她，反而鼓励她继续努力。可是尤静从那以后一直提不起精神学习，后来考试一次比一次差，尤静的心情也更加糟糕了，开始变得沉默寡言，后来索性说不想再去上课了。家长和班主任谈论了尤静的情况，按照班主任的方法给尤静做心理指导。爸爸妈妈对尤静说："如果你觉得学习累了，就放松下来好好休息，爸爸妈妈会替你请假。如果是学习方法上的问题，班主任会尽力帮忙。还有，爸爸妈妈并不是要你必须考到好成绩，即便没考好也没有关系，比起你的健康和快乐，学习成绩不算什么……"自此以后，尤静变得开朗了许多，她不再一味地要求自己必须取得好成绩，而是每天都要保持好的心情，这样的心态使她能够轻装上阵，反而让尤静各方面的能力突飞猛进。现在的尤静不仅学习成绩好，而且非常积极乐观，快乐地成长着！

正如美国自然科学家杜利奥曾经提出的一条心理定理：如果一个人的精神状态不佳，那么一切都将处于不佳状态。如果一个人的心态是积极的，那么他越能接近成功，反之则会导致失败。所以说，无论是成年人还是孩子，乐观的心态和积极向上的精神状态，是身心健康成长所必不可少的。

其实，在孩子身上出现的疲惫感多半是因为学习引起的。学习上的疲劳分为两种：一种是生理性疲劳；另一种是心理上的疲倦感。前者通过短时间的休息就可能得到缓减或消除，后者仅靠休息或调整是达不到效果的，必须从心理上找到根源，才能治愈。

家长会问，学习也并不是什么费力气的事情，孩子为什么还会感到生理性疲劳呢？实验表明，如果让一个成年人连续不断地做一件事情，他也会感到疲倦，孩子更加如此。厌倦的情绪会令人无法提起精神，做事缺乏热情，进而引起心理上的疲劳。如果孩子处于生理疲劳时，家长千万不要督促孩子，这样会进一步加剧孩子的厌烦感和疲惫感。而是要让孩子学会暂停，将自己的紧张情绪放松下来，得到充足的休息。当孩子能够做到学玩有度，劳逸结合时，他们才能更有效率地学习。

上课打瞌睡、课后也不活跃、注意力无法集中，这些都是生理性疲劳的表现，如果家长发现孩子出现这些情况，千万不要催促、责备孩子学习不努力，让孩子陷入"连轴转"的恶性循环中。现在很多家长热衷于给孩子报兴趣班，虽然让孩子多学一门技艺是好的，但是每个人每天的精力是有限的，孩子也不例外，而且孩子更容易感觉疲惫，他们更加需要休息时间和科学合理的学习。

通常，心理上的疲劳表现为无精打采，即便是面对自己喜欢的事情，也提不起兴趣。比如孩子出现不想上课、不愿意做作业、对父母过问学习上的事情表现得极其不耐烦，这些都是心理上感到疲劳的表现。一般情况下，这种心理上的疲劳不是突然发生的，而是长时间的压力过大导致的。当疲劳积累到一定程度时，会对孩子的心理健康造成威胁，同时对身体健康也是不利的。

家长对孩子抱有过高的期望，往往会给孩子造成巨大的心理压力。如果孩子能够完成，则能得到奖励和赞美；如果孩子不能完成，则被质疑。这样的模式对孩子来说太过于残酷，心理脆弱的孩子有时会自暴自弃，这对他们当前的学习和今后的生活都非常不利。所以作为家长，不要总是给孩子施加这样那样的压力，给孩子制订各种计划，把期望值设置得很高。孩子会感觉只是在完成任务，并没有觉得真正开心，这样的教育是无效的。家长应该让孩子知道，他们的努力是为了自己，从来不是为了实现爸爸妈妈心中的目标。孩子在取得成绩时，家长发出由衷的赞美，为他们高兴和鼓掌，这样能巩固孩子的自信心，即便是小小的进步，家长也要提出表扬。如果孩子失利了，家长要做的不是怀疑和指责，而是让孩子学会正确看待失败，这些都有助于缓减孩子的心理压力。

此外，孩子的疲惫感还可能来自情感等其他方面。无论如何，家长要做的就是遵循孩子的自然发展，给他们提供必要的帮助。当孩子觉得"心累"的时候，让他们得到休息和进行自我调整，巩固已经学到的东西，重新认识自己，发现自己的不足，用积极的心态和健康的精神状态去迎接美好的生活。

 ## 父母的空头支票，让孩子染上了撒谎的习惯

家长们常常会对孩子许诺，答应孩子如果完成某件事或乖乖听话，就给他们奖励，可是等到孩子真的做到时，家长却因为各种理由或借口无法兑现承诺。这时，父母的诺言变成了一张空头支票，而孩子的内心在被失落感占据的同时，会开始质疑父母的承诺。

但是父母却并没有对这些事情引起足够的重视，他们错误地认为孩子年龄小、不懂事，很快就会忘记的，这实际上就相当于对孩子说谎，失信于孩子。在小孩子看来，父母给他们做了不好的榜样，他们看到爸爸妈妈可以出于某种目的对自己说谎话，因而他们也不会重视给别人的承诺，甚至染上撒谎的恶习，这对孩子带来的危害是相当大的。

苏黎是一个初二的学生，他很聪明，但是学习成绩不太好。爸爸妈妈为了让苏黎专心学习，答应如果苏黎能用功学习，就带他去国外旅游一趟。苏黎很早就想和爸爸妈妈一起去旅游了，这个承诺对于他来说就是一个巨大的诱惑。为了实现这个愿望，苏黎非常用功地学习，果然他的学习成绩提高了很多，连老师同学都佩服他的进步。可是等到爸爸妈妈该兑现承诺的时候，却因为有工作要忙取消了。

苏黎虽然有些失落，但考虑到父母工作的关系，很快也就原谅了爸

爸妈妈。在期末考试前，苏黎再次恳请爸爸妈妈，如果能在期末考试中考取全年级的第一名，就安排好时间实现旅游的愿望，爸爸妈妈开心地答应了。之后，苏黎更加用功地学习，功夫不负有心人，考试成绩下来后，苏黎果然取得了第一名。在苏黎兴奋地安排时间，为去国外旅游做准备时，他被爸爸妈妈告知去国外旅游的计划再次取消了。苏黎感到很生气："我再也不相信爸爸妈妈说的话了！"

之后，苏黎也学会了对爸爸妈妈说谎，考试成绩不理想时，他就故意把成绩单藏起来不给家长看，还会编造一些谎言试图蒙混过关。妈妈发现了苏黎的变化，想要找他弄清楚情况，可是苏黎还是继续撒谎。直到妈妈说要跟着苏黎去学校时，苏黎才承认了学习成绩单被藏起来的事情，并且哭诉着说是因为爸爸妈妈不守信用在先的。这时，爸爸妈妈才意识到是自己有错在先，对孩子许诺却不兑现无异于说谎，这对孩子的心理成长是非常不利的，幸而现在及时导正还来得及，否则孩子养成恶习就不堪设想了。

父母失信于孩子，造成的影响是极大的。如同案例中提到的，爸爸妈妈一而再、再而三地失信于孩子，孩子就会认为自己被欺骗了，同时也能感觉到自己没有得到相应的尊重，他们慢慢就会变得不再轻易相信人，也不会认为失信于人是一件不好的事情，甚至会错误地认为承诺不过是一种为达到目的而使用的手段，这样就是在误导孩子。

孩子在这样的环境下成长，慢慢学会说谎话，家长们发现孩子撒谎，就会想办法识破谎言，让孩子接受惩罚。虽然家长的用意是好的，希望孩子在接受惩罚后能够吸取教训，不再犯错。可是往往收到的效果不理想，孩子非但没有从根本上认识到说谎的危害，甚至还会学会伪装，撒更高级的谎。每当孩子编造谎言时，家长常常感到失望和愤怒，之后又是担忧，害怕孩子在道德方面出现问题。面对说谎的孩子，很多家长感到手足无措，他们不愿意通过打骂、责罚孩子来实现导正，也没有更加合适的方法策略，但是又不能放任不管，任由孩子向错误的方向发展，真是令人头疼。

追根溯源，孩子学会说谎话，首先是因为父母在他们的面前有过不好的示范，孩子不认为这是不好的表现，所以才会"加以运用"；其次，孩子掩饰或说谎，是想要逃避大人的责罚。通过这两点，我们根据生活中的一些常见情况进行分析：家长虽然并非要故意失信于孩子，更不愿意欺骗孩子，但是当他们不能兑现承诺时，却没有向孩子解释清楚为什么会失信，之后会做出什么弥补措施，这一点非常重要。

如果父母能够把自己承诺过的事情放在心上，对孩子许的诺言能一一实现，不容易完成的事情不轻易许诺，这样的父母给孩子树立的形象就是阳光健康的。孩子感觉到自己受到了尊重，自然也能学会信守承诺，相信他人。

如果父母常常把对孩子的承诺不当回事，或者对孩子许诺却很少兑现，慢慢地孩子对父母的做法会习以为常，孩子之后也不再相信父母的话，父母的形象将会在孩子的印象中崩塌。以后父母再要求孩子做事情，孩子在心中就会怀疑父母。慢慢地在生活中变得多疑，用不信任的眼光看待他人，这样对孩子日后的社会交往、品德的培养都是不利的。同时，累积的不信任感会严重影响亲子之间的和谐，也会降低孩子对家长的信赖和尊重。没有一个孩子天生愿意说谎，如果孩子在家庭生活中是真正被尊重、被爱的，他对父母有全然的信赖，有十足的安全感，他们就不需要隐瞒和说谎。

 ## 孩子为什么忘性大：遗忘曲线规律

家长常常反映，孩子的忘性特别大，原本已经记住了的东西，过一段时间就忘记了。也有这样的状况，孩子学得快，忘得也快，学习到的东西不扎实。有的父母担心孩子总是记不住东西，会影响到以后的学习。

其实孩子的记忆能力是大致相同的，有的孩子记得牢，有的孩子却总是忘记，关键在于记忆方法的不同，所以家长没有必要为此过分担心，只要孩子能够找到合适的记忆方法，学习起来自然很轻松。

另外，家长需要注意的是，孩子的记忆力不佳，一方面是因为没有掌握正确合适的记忆规律，另一方面很可能是因为他们对所学的知识不感兴趣。孩子觉得学习内容或学习形式枯燥无趣，自然不愿意花时间在学习上了。所以家长要理解孩子，从根源上解决孩子记忆力差的问题，帮助孩子克服困难，培养学习兴趣。

李红是一名初三学生，她的学习成绩优异，记忆力超群，在很多方面都有令人赞叹的表现。在一次班级会议上，大家一致邀请李红分享一下自己的学习方法和学习心得。李红是这样陈述的：

"大家都说我很聪明，所以成绩好，学习起来很轻松。其实并不是我聪明，我比很多同学都要笨，有的时候我也需要花很长时间才能记住一个知识或是解出一道题。那时我也会觉得学习枯燥困难，但是我有自己的学习方法，这是最重要的。其实我的学习方法很简单，就是在学习之后要及时复习。比如背诵文言文时，大家首先要在课堂上全神贯注地听老师讲解，只有在理解了的基础上再去背诵，才能起到最好的效果，在我看来死记硬背是最不可取的。其次，当大家都能通顺地背诵下来后，通常都会认为万事大吉了，课后就各自玩或忙别的事情去了，等到考试或是该用的时候就会发现已经忘得差不多了。我也有这样的经历，所以我在全部背诵下来之后，往往还会抽时间巩固复习，这样慢慢也能记得牢靠了。再比如记单词，很多同学都是花几分钟时间把要记住的单词浏览一遍，然后快速地朗读几遍，当时就能把所有的单词记在脑子里，而且可以很迅速地反应和区别出来。可是同样地，过不了几天就会忘记或是与其他单词混淆。我的方法是，在记忆单词时细细看，慢慢研究区别，从发音到字母排列，再到各种形式的比较，记住之后还不算完成工作，要利用早晨或其他记忆力比较好的时候（因人而异），再大声朗读，如此反复好几遍，才不容易遗忘。这就是我的记忆方法，跟先天的聪明关系不大。当然先天的聪慧是必不可少的，但是后天的努力更加重要。所以希望大家都能掌握好自己的学习和记忆方法！"

以上案例，李红因为掌握了正确的记忆规律，所以拥有好的记忆方法和记忆能力。很多家长都希望自己的孩子也能掌握好的学习方法和正确的记忆规律，那么什么样的记忆方法才是最科学的呢？

我们知道，记忆和遗忘有关，要了解人的记忆规律必须先要知道人的遗忘规律。我们来了解一下人的遗忘规律。德国著名的心理学家艾宾浩斯通过实验发现了一条记忆规律，即"艾宾浩斯遗忘曲线"。这条遗忘曲线得到了公认，这条曲线说明遗忘的进程是不均衡的，而是遵循着一个对数曲线的变化规律，逐渐减慢。一开始的一个小时内遗忘的速度非常快，从将近100%连续降到55%左右；之后的1到20小时呈一个相对较缓慢的趋势下降，从55%降到22%～20%；20到未来的50小时以及更长的时间，如31天，记忆的下降趋势都呈一个平稳的状态，也就是说在这段时间内记忆保留了一定的稳定性，但仍在减退。

正常情况下成年人的遗忘规律呈现这样的趋势，而儿童的遗忘规律与此相似。孩子的遗忘是从学习之后开始的，这个遗忘的过程也是不均衡的，最开始的速度会很快，此后遗忘的速度会变慢。比如一个孩子持续学习20分钟之后，遗忘率会达到41.8%，之后遗忘速度减慢，不复习的情况下到第31天，遗忘率会达到78.9%。

所以，要让孩子掌握正确的学习方法，首先要在学习时间上动脑筋，不要一味地给孩子灌输知识，让孩子只听却缺少参与和互动；其次要在适当的时候，让孩子自己消化理解所学到的东西；最后，想要孩子学习的知识稳固持久，家长要提醒孩子及时复习，不要认为学到了新知识就放心地放在一边，而是要立即复习。不只要复习一遍，在之后的一个月、两个月之内都要复习。复习的时间可以为学到新知识后的第一天、第三天、一个星期，接着是两个星期后。循序渐进，复习一遍记忆就加深一层。利用科学的记忆方法，相信每个孩子都能轻松地学习起来，不容易遗忘。

此外，人们发现多数孩子对自己喜欢并且感到好奇的事物非常感兴趣，同时他们也能比较牢固地记住这些，回忆起来印象也非常深刻。这是因为这部分记忆被特殊地保存了起来，孩子们只要学习一遍就能记住。所以，家长要遵循孩子的自然发展规律，让他们选择自己喜欢和感兴趣的事情去做，也可以在学习之前做好铺垫工作，让孩子的好奇心充分发挥作用。在学习的时候，家长和老师都可以和孩子一起学习，多互动，寓教于乐，让学习变得生动有趣，同时还能增进与孩子之间的情感交流。

儿童所采用的记忆策略

随着孩子的不断成长，他们会逐渐使用一些策略在各个记忆阶段帮助自己对信息进行编码、存储和提取。他们会刻意地使用一些技巧，通常这些技巧是孩子自己在学习的过程中发现的，可以用来增强记忆能力。在孩子七岁以前，最常使用的是重复复述；七岁以后，孩子们会在某些不经意的情况下使用这些技巧，随着使用次数的增多，越来越灵活，孩子也能更适当地使用他们所获得的记忆方法。

策略	操作方式	例子
简单复述	再三地重复信息	重复默念，可以看到嘴唇在动
组织	以较熟悉的形式重新组织信息	依照类别来区分动物、食物和家具
精细复述	在不相关的项目间建立联结	建立包括不同项目的句子
选择注意	选择性地对要求回忆的项目加以注意	当被告知要询问在一堆玩具中的几个玩具时，儿童会在等待的时候刻意去注意这几个
提取策略	知道哪些项目需要被回忆	将难记的名字分为几个容易记忆的，会寻找方法来帮助记忆

缺乏成就动机，孩子总是讨厌学习

据家长反映，孩子上课走神、小动作多，做作业拖拉、粗心马虎，还总是贪玩、不爱学习，甚至还出现逃课现象，害怕考试等，这些都是厌学的集中表现。家长总是会担忧，孩子不喜欢学习，肯定会对他们以后的发展造成影响，如果不及时导正，还可能会影响到他们性格、品德的培养。那么要如何才能让孩子喜欢上学习呢？

刘星今年上初三了，再过几个月就要迎来中考。为了让刘星能够取得好成绩，考上好的高中，爸爸妈妈对刘星的学习抓得很紧。每天都会询问刘星的学习情况，检查他的学习进度。刚开始刘星的表现还是很好的，可是后来，妈妈发现刘星越来越不喜欢学习，尤其是最近，他的学习成绩明显下滑。妈妈找来刘星谈话，询问刘星的情况，却得到了这样的回答："我觉得学习一点儿都没用，努力学习考上好学校就是为了让爸爸妈妈高兴……"妈妈听了，非常不解，但是她还是非常耐心地告诉刘星："不仅仅是这样，你努力学习并不只是为了让爸爸妈妈脸上增光，而是能让你不断进步，不输在起跑线上。"

刘星接受了妈妈的教诲，努力学习，果然成绩得到了提升。可是有几次，刘星考试失利，成绩下滑得很严重，爸爸妈妈和老师都替他着急。然而刘星面对成绩下降非但没有抓紧，反而优哉游哉起来，一旦家长问起成绩的事情就含糊蒙混起来，现在连作业也懒得做了。

妈妈知道谆谆教导已经不能对刘星起到作用了，于是换了一种方法，就是和孩子一起学习，每当发现新的知识时，就和刘星一起探讨，慢慢地刘星发现，学习并不是为了提高成绩或是考上好学校，而是能够让自己获得快乐，解出一道题和学会新的知识能让自己获得一种前所未有的成就感。这时的刘星已经不再需要爸爸妈妈的督促，自己能够主动地投入到学习当中去。

孩子不喜欢学习，出现厌学情况，是多种因素导致的，主要有以下几个方面：

首先，孩子在面对学业时总是潦草应对，别人劝他好好学习，他还总是我行我素，左耳朵进右耳朵出，不听劝。孩子的这一表现与父母的教导有很大的关系。现实生活中，很多父母总是忙于工作，无暇顾及孩子的学习和生活。他们虽然给孩子提供了优越的物质生活和较好的学习环境，但是孩子学习却没有动力，他们不知道为什么要学习，缺乏学习动机和成就感。如果孩子不能抓住机会认真学习，从学习中获得乐趣和成长，他们在学习的道路上就会慢慢地落后。日积月累，孩子学习就变成了难事，出现厌学的现象。等父母发现，已经为时已晚。所以，父母无论工作多忙，都不要忽视对孩子的教育和关心，即便不能每天每时每刻陪着孩子一起学习，也要利用所有可能的时间与孩子相处，给他们无微不至的关爱，让孩子懂得学习的重要性，在爸爸妈妈工作的时候也能努力向上，好好学习。

其次，与第一种情况正好相反。很多家长看到了学习的重要性，于是总是给孩子制订很多计划和目标，让孩子朝着这个方向发展。父母虽然都是为了孩子好，为孩子的将来做打算，但是父母的要求过高，往往会给孩子造成巨大的压力。孩子在面对学习时，就像翻越了一座山后接着又是一座山，他们感觉疲惫和烦躁，于是慢慢滋生了厌学心理。这时，如果父母和老师还总是一味地强求孩子考取好名次，孩子就会认为学习的目的不过是给父母老师增光，连最开始建立起来的兴趣也荡然无存，孩子自然也就不喜欢学习了。父母可以换位思考一下，理解孩子心里的想法，孩子是因为缺乏成就感，所以才渐渐地失去了学习的兴趣。因此，父母和老师要与孩子建立起有效的沟通，多让孩子表达自己内心的想法，多倾听孩子对学习的呼声，适当减轻孩子的压力，让孩子能够从自己的爱好出发，主动培养学习的兴趣，这一点很重要。

最后，孩子不喜欢学习，多半是缺乏兴趣导致的。孩子的学习方法不正确，对学习的内容不感兴趣，即便他们花了很长的时间学会了，仍然并不觉得快乐。这就会使他们的成就感逐渐缺失，片面地认为学习是一件无趣的事情，久而久之也就不喜欢学习了。其实，孩子的学习方法不正确，根本原因在于不能有效地把握学习时间。无论是家长还是老师，都要擅于引导孩子学习，尤其是一些对孩子来说比较困难的知识，可以重用寓教于乐的方法，让孩子能够轻松地学习，慢慢地消化。作为家长和老师，要有擅于观察孩子学习生活的能力，发现孩子对所学的内容不感兴趣时，一定不要再强制要求他们"再努力一下"，厌倦的情绪往往起到制约作用，孩子这时候再学习也未必能起到好的效果。所以家长可以适当地让孩子转移注意力，去休息一下，或是找一些感兴趣的事情来做，等过一段时间再去看原来的困难，也许就已经不再是困难了。总之，不能获得乐趣的学习会透支孩子的学习积极性，与其这样不如顺应孩子的自我发展，让孩子能够按照自己的步伐，一边学习一边获得乐趣，这样起到的效果往往更好，孩子的身心也能得到最佳的成长。

如何改变孩子厌学的毛病？

1. 精心呵护孩子的好奇心，发展孩子多方面的兴趣。可以带孩子到大自然、社会中去，开阔眼界，提高学习兴趣。

2. 有目标地学习。家长要帮助孩子给自己制定每天的学习目标，孩子才不会对学习感到迷茫。有了明确目标，安排好学习时间，孩子的思想就会放在达成目标上，便不易产生厌学心理。

3. 制造浓厚的学习氛围。家长和老师要跟孩子一起学习，营造一个良好的学习氛围。

4. 引导兴趣。孩子对老师讲的课不感兴趣，或者根本听不懂，学习渐渐落下，孩子也就会越来越没信心学习。所以老师要注意营造课堂气氛，每一堂课都要充满趣味性。

5. 家长、老师、学生三方配合。当孩子学习不好时，不要总是责怪孩子，要换位思考，各自承担起自己的责任，改进教育方式和教学方法。

总是炫耀"小大人"，无异于揠苗助长

很多家长喜欢炫耀，自己家的孩子像个"小大人"一般乖巧懂事，从不给父母添麻烦。在家长看来，"很懂事""小大人"是孩子难得的优点，但是他们不知道，表面上的"懂事"，是孩子压抑了自己的天性和愿望来迎合别人的表现，这对于孩子的成长来说，其实并不是一件好事。

一位妈妈说：

我的女儿小茹现在四岁了，她是一个乖巧、懂事的孩子，每次出去购物从来没有哭闹着要什么东西的情况，即便是她看到了特别喜欢某个玩具，只要我说不能买，她也就不再要了。我一直觉得小茹特别懂事，总是逢人就夸："我女儿最乖最听话了。"

自从上了幼儿园以后，老师也一直夸奖她聪明懂事，从不给别人制造麻烦。入园第一周，她就获得了老师奖励的小红花。原因是大多数小朋友刚来到幼儿园这个陌生的环境，离开爸爸妈妈的保护，都不禁地哭了起来。可是小茹不仅没有哭，还帮着老师一起安慰别的小朋友，帮他们擦眼泪。小茹的表现让我和老师都大吃一惊，觉得孩子是如此懂事和成熟，有点儿不可思议。

再后来，老师跟我反馈小茹在幼儿园的表现。中午吃饭，老师并没有说她吃得慢，但她看到老师走过来时就说："老师，我在加油吃饭，我会好好吃的，不要担心。"她第一次上厕所不会上，把裤子弄湿了。老师

教了她一遍，现在会上了，但是每次都要跟老师说："老师，今天我没有弄湿裤子。"下午睡觉，别的小朋友都要求老师哄哄自己，她却这样说："老师，你很辛苦的，不用哄我。"幼儿园老师告诉我，她从孩子的眼神里看出孩子非常渴望老师能关注她，但她却不敢直接说。老师甚至坦言："从教这么多年，没见过这样的孩子，不哭也不闹，这么会看脸色，会讨好人。小小的年纪，这样太辛苦了，压力会很大，对今后的成长可能不利……"

很多孩子都出现过这样的现象，他们能够体察到大人的心思，无条件服从大人的安排，不允许自己生出与大人意愿不符合的想法，表现出和年龄不相符合的"懂事""礼貌"和"关心"。孩子的这种"成熟"表现，其本质是对自己天性的扭曲，丧失了自己的意愿，以憋屈自己来迎合别人，尽量让别人感觉舒服。究其根本，是孩子长期得不到关爱，个人意志被侵犯，个人想法总是得不到尊重的结果。这样的孩子真的好可怜，他们本应该依照天性率真地成长，却不幸在最天真烂漫的童年时代就被迫放弃了自己成长的自由，将时间和精力过多地放在了应付他人身上。

所以家长应当警醒，在发现孩子有这样的表现时，不应向他人炫耀，而应当反思孩子身上出现了什么问题，是什么因素导致了孩子的这一变化，应该思考如何改变才能让孩子恢复本性，获得童年时代应有的快乐。

分析其原因，孩子之所以会有这样的表现，与家长的教育方式是分不开的。我们知道，孩子的心灵原本就像一张白纸，他们可能会经历各种颜色的涂抹，是变成一幅优美的画还是变成废弃品，就看大人如何着笔。有的家长根本不在意生活中的很多小细节，常常会在家里谈论一些家长里短，对其他人的行为品头论足，甚至当着孩子的面毫无顾忌地宣扬自己的想法。孩子看上去在玩耍，没有听大人的评论，但事实上他们无形中了解到了在大人的世界里存在着很多奇怪的关系，孩子们就会不断地模仿大人，甚至一味地讨好大人，在这样的过程中，孩子压抑了自己的意愿和想法，慢慢表现出跨越年龄的行为举止和言语。殊不知，这些成人化的表现会给孩子的身心发展带来不利的影响。

第二个原因是，家长常常会忽略孩子的感受。比如在平时的学习和生活中，孩子提出了要求，家长总是认为孩子还小，应当听从大人的安排，于是就按照自己的意愿帮助孩子做了决定。在这样的影响下，孩子希望自己也能像父母一样，拥有做决策的权力，于是他们开始模仿家长的一言一行，以获得家长的信任，满足孩子"成人化"的理想。孩子在表现得像一个"小大人"的时候，他们的存在感和被尊重的需要得到了满足，因此在之后总是会依赖这样的行为获得满足感，所以家长总是能看到孩子"小大人"的一面，以为孩子特别乖巧懂事，但其实这是孩子表达心理需要的表现。

第三，现在的很多媒体开始关注儿童教育，一些影视剧、书籍、报刊都会有很多关于孩子成长的话题，如果家长不能理性地看待这些，给孩子提出了过高的要求，孩子的心理压力就会增加。他们渴望成为父母眼中的好孩子，所以总是会通过约束自己的意愿来不断满足父母的要求，这样慢慢地孩子就会形成固定的行为模式，在大人看来就是"小大人"的表现了。

其实，有"小大人"表现的孩子，他们总是会用大人的标准来要求自己，自身的天性发展就受到了阻碍，而父母不懂得孩子的心理需要，反而认为这是好的表现，不断地给孩子赞扬，这实际上就强化了孩子更加遵循父母意愿发展的心理，加剧了孩子成人化的表现。

还有一个原因，当家长对孩子的关心和陪伴不够时，孩子的内心会缺乏安全感，为了获得安全感的满足，他们会要求自己不要给大人添麻烦，能帮助到其他同龄人，因此通过把自己塑造成"小大人"的样子，来给他人留下好印象，满足自己对安全感和存在感的需要。

这就是孩子为什么总是表现出一副"小大人"形象的原因，实际上他们需要更多的关爱和关注，所以家长要注意多一些时间陪伴孩子，不要总是给他们提过高的要求。还要鼓励孩子多跟同龄人交流，让孩子快乐地成长，拥有属于自己的童年时代。

 ## 孩子太自私，与父母的占有欲有关

分享不是天生的品质，而是后天学习得来的。当孩子成长到一定的年龄，家长就期望孩子能够学会分享。于是我们经常可以看到这样的情景，大人给小孩子一个好吃的食物，然后逗小孩子说："把你的好吃的分给我一点儿，好吗？"孩子刚开始的时候总是将食物牢牢地攥在手里，之后好像听懂了大人的意思，愿意把食物分享给大家。所以说，让孩子学会分享，要从小开始。

毛毛今年六岁半了，他是家里的独生子。平时爸爸妈妈都非常溺爱他，把好吃的、好玩的都第一时间给他，生怕孩子受到一点点委屈。这样的照顾让毛毛养成了古怪的性格，他不喜欢与人分享自己的东西，即便是对邻居家的小妹妹也是如此。有一次，邻居带着小妹妹来到家里做客，小妹妹想要玩毛毛的玩具，毛毛大声制止："不要碰，那是我的！"小妹妹只好作罢。

还有一次，爸爸出差回来带了好吃的点心，妈妈把点心放到盘里摆到饭桌上，喊大家来品尝，毛毛第一个跑出来，他看着桌上的点心，突然用两只胳膊盖住盘子，大声说："不许你们吃！"

毛毛在学校里也是如此，被大家叫作"小气鬼""自私鬼"。一次，一个同学看到毛毛有一个非常漂亮的卷笔刀，想要借来用，这个同学非常客气地说："可以借用一下你的卷笔刀吗？"谁知毛毛没好气地说："不行。"结果两个孩子扭打了起来，那个孩子还不小心弄坏了毛毛的文具，毛毛立刻大声嚷嚷起来："你要赔我的东西！"

　　我们看到，很多孩子在父母的溺爱下长大，他们变得自私自利，不被人喜欢。其实，孩子不懂得与人分享，是父母的教育失误。孩子在三岁以前，不经过大人的引导，他们是不会懂得这些道理的。如果任由孩子的发展，即便是遇到孩子不愿意分享的情况，家长也置之不理，孩子就会慢慢变得自私，认为自己所拥有的一切都是理所当然的。

　　在孩子三岁左右，他们有时会显得特别大方，可有的时候让他们分享自己的东西却比登天还难。这个时候，父母就要尝试让孩子意识到好吃的、好玩的并不全是属于自己的，应该分给他人，让孩子能够体验到分享带来的快乐感，并且让孩子知道，当别人得到你分享的东西后，也会把另外一些东西分享给你。比如，在引导孩子把自己手中的食物拿来分享给大家时，可以用自己手中的东西跟他实现交换，让孩子明白交换和分享的道理。

　　家长是孩子的第一任老师，孩子自私，除了家长没有及早地对其进行教导外，还与父母平时的言行举止有很大关系。我们知道，孩子最擅长的就是模仿，他们看到自己的爸爸妈妈总是把东西占为己有，言语之间表现出自己强烈的占用欲望时，就无形中会受到影响。孩子总是认为自己得到的还不够多，不仅不懂得分享，还会想方设法地占有，久而久之，就会变得不知满足、贪婪，等到家长发现孩子的这些不良表现后，孩子已经养成了不良的习惯，难以纠正。

　　具体分析其原因，孩子自私、不懂得分享，最大的原因是因为他们在家庭里总是能得到"特殊待遇"。比如孩子不管提出什么要求，家长都会无条件地给以满足，孩子就会觉得这些都是理所应当的，变得自私自利，不懂得珍惜，也不懂得尊重他人的付出和劳动成果。所以家长要尽量合理满足孩子的需求，不给孩子特殊待遇，让孩子知道自己在家庭中与其他成员是平等的，消除其"以自我为中心"的意识。第二，家长总是一味地对孩子付出，而从来没有引导孩子付出，孩子就学不会承担责任，他们会错误地认为别人就应该对自己无条件地付出，而自己只要接纳就可以了。所以他们变得自私，而且会对父母的照顾和爱产生依赖心理，如果父母停止给他们提供帮助，就会觉得父母不再爱自己了，造成心理的失衡，影响心理健康。第三，父母很少给孩子创造与同龄的小伙伴相处的机会，孩子也不懂得要和大家分享，久而久之，孩子就会变得自私，占有欲强。也有这样的情况，孩子在和小朋友相处时，家长会要求孩子把自己的东西拿出来分享，如果孩子不同意，家长就会通过强制的方法去做。虽然家长以为这样的方式可以让孩子意识到要和他人分享，但是孩子并不是出于自愿，而且父母的强硬态度反而会加重孩子的自私心理，让孩子的安全感减低，从而用占有的方式来满足自己的心理平衡。第四，孩子可能还没有体会到分享的乐趣，孩子的活动范围小，还没有体验到和他人友好往来的乐趣，所以习惯于自得其乐，不太懂得要与别人分享。第五，与父母的占有欲望有关，在平时的生活中，孩子的父母占有欲特别强，孩子也会受到父母的影响，变得以自我为中心，在不断满足自己心理需要的时候表现出自私的坏毛病。

　　所以，家长要尽早地意识到自私对孩子的危害，以身作则，在规范好自己的行为举止的基础上，引导孩子学会分享、乐于分享。如果家长发现孩子很自私，占有欲特别强，也不要着急对孩子采取强硬的态度，而是先要反思自己是否给孩子作了不好的榜样，先从自身开始改变，让孩子循序渐进地发生变化。

Part 06
独特的个性，让每个孩子都有自己的习惯

"焦虑多疑的小曹操"——怀疑型孩子

我们知道，每个孩子都拥有属于自己的性格特征，在每一种性格的影响下，孩子的习惯性表现也是五花八门。每种性格都有自己特有的优势和劣势，在众多的个性当中，具有怀疑型性格的孩子往往最让家长感到无所适从，父母不知道孩子为何会养成了这样的性格，更加不知道应该如何应对孩子的表现。

相比同龄人而言，泽泽是一个稳重踏实的小男孩。老师和同学都愿意把事情交给他，只要泽泽答应做的事情，都能出色地完成，因此深受大家的信任。有一次，老师安排泽泽和几个同学策划出板报，泽泽接到任务后就利用课余时间思考板报主题，等大家聚在一起开始工作时，泽泽已经想出了好几个方案，提出来给大家做参考。但是当大家推选泽泽作为本次板报的主要策划人时，泽泽显得有些拘谨，他思前想后，似乎

有些不愿意。在大家的再三邀请下，泽泽还是固执地拒绝了。

虽然泽泽的责任心很强，工作能力也比较出色，但是仍然无法改掉顾虑多的毛病。泽泽在生活中也经常是这样的，他在挑选东西、做决定时常常表现出犹豫不决，甚至木讷的情况。一次妈妈让泽泽去超市购买一种调料包，泽泽高高兴兴地出发了，可是却空手回来了，还特别沮丧地说："我不知道该挑选哪一样，有的太贵了，买回来超出预算可能会被妈妈责骂；有的又太廉价了，实在很难选择……"这样的情况还有很多，这让泽泽的妈妈感到有些不安，孩子小小年纪就这般瞻前顾后，对他的发展肯定会有负面影响的。

泽泽的这些表现是典型的怀疑型孩子的特征。一般来说，具有这种性格特征的孩子忠厚老实、待人和善，做事勤勤恳恳、小心谨慎，但是他们不太喜欢表现自己，喜欢一成不变的环境，容易产生焦虑、多疑的情绪，常常在思考问题时陷入自我矛盾中，缺乏安全感。

怀疑型孩子最大的优点就是忠诚，他们注重承诺，富有责任感，一旦答应他人或是得到别人的承诺，就会固执地坚守，善始善终和严格要求自己为他们塑造了良好的形象，因此也被称为"忠诚型孩子"。他们的团体意识很强，在团队中能够认真履行自己的职责，毫不保留地贡献自己的力量，因此他们很受家长、老师和同学的欢迎。这一性格的孩子在团队中能发挥很大的优势和潜能，他们能较容易地得到他人的信赖，并且也能凭借出色的工作能力完成任务。

这一性格特征的孩子拥有较好的工作能力，他们非常愿意遵循规则制度，对一系列的命令和安排非常熟悉，而责任感也会让他们内心的焦虑感得到暂时消除，他们就能因此充满力量、踏实地完成工作。不过，如果让他们独自完成工作，就可能会出现问题，因为焦虑多疑的孩子最害怕的就是失去别人的支持和引导，倘若让他们处在不可预料和无法控制的状态下，涌现在他们脑海中的第一感觉就是小心谨慎，有时这种小心翼翼会使他们的表现不够灵活，甚至是充满了畏惧。

因而，焦虑多疑的孩子不喜欢表现自己，更不愿意在团队中担任重要角色，他们只喜欢跟随那些能给他们明确行动指示的人，因为这样容易让他们获得安全感。否则，他们更愿意采用回避、躲藏或者明确拒绝的方式来满足自身心理上的安全感。归根结底这都是自信心不足的表现，如果让自卑心理长期占据主导地位，孩子就会逐渐养成多疑、焦虑的习惯。

而这也跟父母平时对孩子的培养有关，在孩子的成长过程中，爸爸妈妈总习惯让孩子听从自己的安排，很少给孩子自己做决定的机会，当孩子想要"自作主张"地完成一件事情时，爸爸妈妈总要阻拦，并对他们说"等一下""你要不要再想一想"，等等。孩子在这样的情况下，往往最容易失去独立思考的机会，自我的主见慢慢也就被扼杀了。因而，他们在性格方面常常思虑过盛，然后情绪变得焦躁，但是他们有很好的自我控制能力，不会轻易地表现出不佳的情绪反应。

这样性格的孩子具有敏锐的洞察能力，他们能够较容易地感受到周围环境的变化，以及周围人情绪的改变，并且随时能够配合别人的情绪变化而进行自我调节，这是他们的潜能所在。他们在思维模式方面具有很强的警觉性，认为周遭都充满了威胁和危机，所有的事物都难以预测，不能轻信不熟悉的人，或者将自己处于不安全的环境中。因而他们总是要仔细辨别周围环境中哪些情况是有利的，哪些情况是不利的。只要做好这些，他们内心潜在的不安全感才会得到暂时的放松，否则就会陷入一发不可收拾的"预防措施"之中。

具体分析其原因，怀疑型孩子多疑首先是因为父母没有给孩子建立起安全感，孩子的安全感不足，他们就会觉得自己受到了冷落和忽视，产生悲观失望或者是被抛弃的感觉。其实怀疑型的孩子极其渴望得到强有力的保护，因此家长不妨多陪伴和照顾孩子，满足孩子对安全感和存在感的需要。其次，这也与家长平时的行为习惯有关。比如家长在做决断时常常犹豫不决，孩子也会受到影响，做事时总是犹豫、怀疑，要不相信自己。所以家长要自我反省，做事时要坚决果敢，要用这种以身作则的方式给孩子做榜样。孩子擅于学习和模仿，在父母正确的引导下，他们慢慢也会养成自己思考并付诸实践的习惯。在这个过程中，孩子自然而然也能改掉焦躁、多疑的毛病。最后，由于怀疑型的孩子洞察力比较强，所以他们会注意到家长的许多小细节，比如一个无意的表情或动作，都可能会让孩子在一瞬间产生不信任感和得不到支持的失落感，这对他们安全感的建立也有影响。

所以，家长要以身作则，使孩子建立起安全感和自信心，孩子才能够客观冷静地做出判断，当孩子体验到用积极的态度去做事的乐趣的时候，家长就可以适当地放大效果，让孩子清楚地意识到这样做带来的好处了。在成长和改变中，孩子慢慢就会发现自己已经不再是那个"多疑焦虑的小曹操"了。

焦虑多疑型孩子的表现

1. 典型的好学生，深受老师和同学的欢迎。

2. 喜欢和朋友成群结队。

3. 优柔寡断，但一旦下定决心就会坚持不懈。

4. 害怕自己被朋友疏远排斥。

5. 对父母百依百顺。

6. 富有同情心，同情弱者和有困难的人。

7. 胆小，容易受到惊吓。

8. 性情多变，有时本来有说有笑，忽然就会发脾气。

9. 害怕被人斥责，做事小心谨慎防止出错。

10. 遵守时间和秩序，严格遵守各项制度和规则。

"规矩高于一切"——完美型孩子

孩子常常喜欢把这些话挂在嘴边："这是老师说的，我们要听老师的……""我妈妈教我应该这样做""不听话的孩子就是坏小孩"……似乎在这些小朋友的眼里，父母和老师制订的规矩高于一切，不遵守就会受到很重的惩罚一样。当然，听话的孩子是非常受家长和老师喜欢的，但是这些规矩和要求，往往最容易培养出"规矩高于一切"的完美型孩子。

艳艳是个乖巧听话的女孩，是父母的贴心小棉袄，在学校里表现积极、成绩优异，是一个名副其实的模范生。艳艳从小就听话懂事，爸爸妈妈要求她做的事情，她都会尽可能地做得井井有条。老师安排给艳艳的任务，艳艳也会一丝不苟地完成。有时同学们请艳艳帮忙，她也会竭尽所能地去帮助他们，正如艳艳所说："帮助他人是应该的，我不会辜负爸爸妈妈和老师的期望……"即便有时候艳艳觉得很难，心里会有些不满，可是她最终还是会把不满情绪自己消化掉，因为在她心里，父母的要求和老师的期望是自己应当遵循的标准，是不可以对父母和老师有抱怨心理的。

因为艳艳太过于追求完美，不仅严格要求自己，对别人也很严格，有时在发现其他同学或朋友不遵守纪律或规定时，就会大发脾气。比如在学校里一旦发现同学违反纪律或出现错误，她就会毫不客气地指出来，俨然成了同龄人中的"小老师"。爸爸妈妈察觉到艳艳的变化，可是艳艳已经养成了这样的追求完美的性格习惯，父母应该怎样帮助她呢？

完美型孩子最典型的性格特征就是有较高的自我要求和期待，希望自己的一举一动都无可挑剔，并且会习惯用相同的标准去要求周围的人。在他们的心里有一个崇高的道德标准，要求自己严格遵守规矩，听从长辈的教导，习惯遵循他们的指示去做事，似乎只有这样做才不会犯错，才是被大家认可的行为。将规矩视为唯一的行动标准，是完美型孩子最典型的特征，他们常常会强迫自己服从大人的行为标准，他们永远像一个懂事的"小大人"一样，凡事都力求做到完美，不能容忍一丝丝偏差，且不会允许自己有任性的行为。他们往往不太合群，对同龄人的游戏不太感兴趣。如果有弟弟或妹妹，常常还会扮演父母的角色，因为他们的心理年龄要比实际年龄成熟。

具有这一性格特征的孩子，有一套自己的标准和原则，当然这些标准和原则是建立在父母的要求基础之上的。他们对规矩特别敏感，在心理上要求自己必须按照规矩行事，不能有不满心理和违逆的行为。在他们的眼里，规矩高于一切，当自己的某些想法或情绪与心中的规矩发生冲突时，他们会想尽一切办法压抑这些心理，否则就会陷入强烈的自我批判之中，甚至还可能会有一些自我惩罚的行为。

完美型孩子极具责任感，不仅对自己要求严格，常常还会用相同的标准去要求周围的人。因此常常会扮演"批判者"的角色，表现为自以为是地批评不遵守纪律的同学，要求别人按照自己的意愿或标准行事，因而容易招来他人的不满。但这种性格的孩子还是很喜欢交朋友，而且愿意和他们和睦相处，只是表达的方式不恰当而已。所以作为家长和老师，一定要读懂孩子的心理，引导他们用正确的方式去处理这些关系。

完美型的孩子做事时喜欢雷厉风行、速战速决，因为他们希求用最短的时间做出最有效的事情，这样他们能获得最大的心理满足，认为自己再一次突破了自我，正在不断地刷新自己的成绩。此外，他们的一个显著特点是能够客观地处事，有较强的克制力，常常会处于一种自我设定的紧迫感和责任感的紧张状态下，所以很少会像同龄孩子那样天真烂漫。完美型孩子最担心的就是别人的批评，不仅仅是师长，还包括同伴和比自己年幼的孩子，只要有人对他们提出质疑，他们就容易陷入自我批评之中，这样对他们的心理健康非常不利。

孩子之所以会养成这样的性格习惯，追根溯源是从他们有记忆起，就处在了一个规矩满满、要求严格的环境中。比如在家里，爸爸妈妈、爷爷奶奶总是会对孩子说："要乖乖听话，听话的孩子才是好孩子，懂规矩就有奖励，否则就要受到惩罚。"在幼儿园里，老师会要求孩子们时时刻刻遵守规矩，不允许有任何调皮捣蛋的行为，比如老师们常会说："大家乖乖坐好，发现有小朋友做小动作，可以举手告诉我。"在这样的环境中，孩子们的心里自然而然就会觉得，听父母老师的话、遵守规矩是不容置疑的事情，因此慢慢也就养成了这样的性格，总是使自己处在一种紧张的状态中，时时刻刻用所谓的标准要求自己和审视他人，因而将自己的心理标准和行为模式设置在了追求完美的无限循环中。

我们知道，追求完美的孩子总是会自以为是地认为"这是我应该做的"，所以孩子总是追求完美的原因出在他们不清楚哪些是需要自己完成的，哪些是自己尚且没有能力完成的，如果孩子能够对自我有一个比较清晰的认知，那么他们就相对能够对自己的能力有所判断，而不是做无用功或是陷入一味追求完美的事情中。

可能家长还没有意识到，孩子对自己要求严格，归根结底是希望通过这样的行为获得师长及他人的满意，这是因为他们过于看重他人的想法，希望得到关爱和重视。所以无论是在家庭还是在学校中，这样的孩子真正需要得到的是来自他人的宽容、友善和关爱。那些能和孩子以好朋友的方式相处的父母，他们给予孩子的温柔和慈爱，是孩子最珍贵的财富；那些能给孩子营造轻松的学习氛围，不用规矩绑架孩子手脚的教师，往往让孩子终身受益；而孩子能够有属于自己的心理空间，不再被条条框框所桎梏，他们的心灵会更加自由，身心能得以健康成长。

所以，在面对追求完美、认为"规矩高于一切"的孩子时，家长们最简单、最有效的方式就是允许孩子放飞自我地去玩耍；和孩子进行一场轻松愉快的谈话，大胆地开玩笑或讲笑话。环境往往最能改变人的性情，让孩子生活在轻松愉悦的氛围中，接受最自然的成长吧。

追求完美型孩子的表现

1. 喜欢安静的环境。
2. 遇到让人气愤的事情，能够控制自己的情绪。
3. 喜欢有条不紊地做事，不做没有把握的事情。
4. 对待任何事情都认真细致，严谨。
5. 很少发脾气，情感不外露。
6. 与人交往不卑不亢。

7. 不喜欢讨论问题，而是喜欢动手解决问题。

8. 能够长时间从事单调的工作。

9. 有耐心，严格按照规定做事。

10. 注意力集中，不容易分心。

 ## "独立解决一切问题"——思考型孩子

很多时候，我们的目光会被这样一些孩子吸引，他们喜欢动脑筋，常常会提出一些令人匪夷所思的问题，而大多数时候他们又很安静，只在关键时刻提出质疑，通常也总能起到一鸣惊人的效果……同时，具有这种性格习惯的孩子能够自己独立地解决很多问题，很少给家长或他人带来麻烦，因而往往也容易被忽视。

奇奇是个安静内向的男孩，他平常喜欢自己一个人闷在房间里看书，不过不像同龄的孩子那样喜欢看漫画或故事书，而是喜欢阅读一些侦探推理的故事和地理知识，甚至还有一些冷门的专业知识。虽然奇奇并不是都能读得懂，但是他只要看到这些书就很开心，一边阅读一边思考，仿佛这是他最大的乐趣。

奇奇很少跑出去和孩子们一起疯玩，因此和他要好的朋友并不是很多。但是他非常愿和表哥以及同班的亮亮玩，因为他们总是能讲出很多很多他没有听到过的事物，奇奇对这些问题特别感兴趣。每次跟表哥或亮亮在一起，他们都能聊得很开心。

不仅如此，奇奇总是习惯一个人解决问题，当他遇到麻烦时，很少去请爸爸妈妈帮忙，而是自己想办法处理。如果爸爸妈妈提出"有问题可以找大人帮忙"，通常还会遭到奇奇的拒绝，而不久之后，他总是能得意地告诉爸爸妈妈——问题已经解决了。爸爸妈妈还发现奇奇不太善于表达自己的情感，所以爸妈也在思考，怎样才能让他既爱动脑筋思考问题，又能和大家建立起良好的关系呢？

思考型的孩子通常独立、沉静，喜欢长时间独处，不希望被人打扰，且不善于表达自己内心的感受。对于他们来说，要做的事情就是不断地学习和思考，通过亲身实践不断地增长见识、积累经验，而很少会把时间花在感性的思考上。对于思考型孩子来说，他们乐意跟随自己的求知欲望，理清自己的思路，一步步地了解详情，尤其是对那些深奥的知识，他们总是有特别的兴趣，还会在思考过程中不断强化自己的逻辑思考能力。他们的整个成长过程都伴随着这样的思考，似乎一旦停止思考，生活都失去了意义一样。也正因如此，他们很少去关心财富或物质享受，也不会在意别人对自己的看法，更不会把精力放在讨好别人的事情上。

思考型的孩子有着很强的理解能力，他们擅长理论性、探究性的学习，热衷于思考，对数据、研究结果、分析方法等非常敏锐，并且能从这些活动中找到自己精神生活的巨大乐趣，不会在其他琐事上浪费时间，因而对他人的要求很少，个性十分独立。正是因为他们需要的仅仅是专注力，所以不希望自己被打扰，更不喜欢给别人带来困扰。宁愿自己用笨拙的办法应对，也不会去麻烦别人，所以不擅长表达自己的情感也是他们性格的显著特点。

另外，思考型孩子希望自己是一个既有知识又能干的人，所以他们最害怕的就是显出自己的无助和无能。为了让自己充满知识的能量，他们也会刻意地保护自己，尽量在求知的过程中表现出非常独立的样子。

对待思考型的孩子，父母的态度一定要亲切平和，在他们思考的时候尽量不要打扰他们，满足他们的需要。父母在和孩子沟通时，可以尽量地让孩子多发言，让孩子能够畅所欲言。当他们打开话匣子的时候，父母再与他们亲切地交谈，这是他们非常喜欢的相处模式。

思考型孩子有一个缺点，就是行动缓慢。因为他们对未知的事情有着极强的好奇心，因而会投入相当惊人的精力和时间去研究学习，但他们有时也会担心自己做得不够好，所以很多时候即便是产生了行动的计划，但也会停留在准备阶段而迟迟不付诸行动。爱思考的孩子在行动之前，总是要经过一段缜密的计划安排，因而有时就会表现为慢吞吞、小心翼翼。尽管结果大多是令人满意的，但有时也会因此而丧失很多机会。

由于思考型孩子通常比较沉静、独立，而且不善交际，他们对自我的独立空间有很高的诉求，作为家长，应当尊重孩子自我发展的天性，给予他们足够的空间去思考和处理自己的问题，尊重孩子的决定，不要强行为他们做主，更不要给他们的发展方向设置过多的干涉。可以这样说，思考型孩子对于自己要做什么，要学习什么，是非常有主见的。在人际交往方面，父母应该尝试引导孩子主动和他人接触，多向他人讨教经验和知识，家长也可以多多给孩子讲"三人行必有我师"的道理，让孩子能够虚心向别人学习，在与他人相处的过程中不断完善自己。

爱思考是好事，但是思虑过多难免会阻碍行动力。孩子顾虑多，往往是由于自信心不足造成的，这可能是因为家长平时很少给予孩子鼓励，以至于孩子的自信心不够，做事的时候就会犹豫不决，思考一旦陷入误区，就会影响他们的行动能力。

因此，面对爱思考、喜欢独立解决问题的孩子，家长要做的就是给他们充分自由的思考空间，鼓励他们及时行动，多多与人交往。相信孩子在父母的引导下，能够不断地进步，成长为更加优秀的人。

思考型孩子的表现

1. 不喜欢引人注目。

2. 不太乐意参加集体活动。

3. 喜欢探索自己感兴趣的事物。

4. 不随意丢弃东西，而是储备起来。

5. 喜欢收集信息，对理论感兴趣。

6. 喜欢与谈得来的朋友相处。

7. 遇到不理解的问题，有“打破砂锅问到底”的习惯。

8. 喜欢简洁有条理的对话。

9. 善于倾听，关键时刻指出关键问题。

10. 表情单一，很多时候别人不清楚他在思考什么。

“别人的眼光很重要”——成就型孩子

大多数孩子有这样的表现，他们注重个人形象，习惯把自己当成光环下的主角，时时刻刻要求自己表现出最好的一面，当得到他人的好评时，就会感觉特别开心，当感觉别人不喜欢自己时，又会非常气馁。有的孩子还特别喜欢出风头，以此来吸引大家的目光。这是因为他们属于成就型性格的孩子，在他们看来，别人对自己的看法很重要。

琪琪长着一张精致的脸盘，她非常爱美，从小就有一个当明星的梦。小的时候，她总是喜欢穿着漂亮的公主裙给大家表演节目，还常常要拉着爸爸妈妈和爷爷奶奶给她鼓掌，只要这样做，她的心里就感觉美滋滋的。如果大家兴致不高，琪琪就会噘着小嘴闹脾气。随着时间慢慢流逝，琪琪长大了，她依然喜欢被大家簇拥着，喜欢不断地听到赞美的声音。

但是，琪琪的学习成绩却不是很好，班里有很多比自己优秀的同学，常常能得到大家羡慕的目光，因此琪琪也想要提高自己的成绩，好赢得同学们的喜爱。她很用功地学习，并且在语文、历史等学科上都取得了很好的成绩，也得到了老师和同学的表扬。可是她的偏科现象很严重，而她却很不在乎，因为她觉得只要能够被老师、同学和家长认可，就已经实现了自己的愿望，成绩并不重要。

其实琪琪之所以有这样的性格，是因为她很小的时候就非常崇拜她的爸爸，爸爸在工作中取得了很多奖项，每次都能得到大家的一片赞扬。所以从那个时候开始，琪琪在心里就默默地想，以后也要像爸爸一样，在各方面都取得成绩，获得大家的肯定。

成就型孩子的最典型性格特征就是重视成就和表现，注重个人形象，喜欢他人的赞美，以获得他人关注的目光为骄傲。在他们心中，认为受到夸奖就是自己努力的目标和方向，而不是注重自己的进步。当然，随着年龄的增长，他们会逐渐认识到，获得他人的认可仅仅只是成功地向他人展现出了自己优秀的一面，并不代表以后就可以停止努力了。同时，获得他人的认可，也是在为自己塑造起理想中的样子，让大家都能参照这个样子来不断努力。孩子喜欢被他人夸赞的心理是可以理解的，但是他们的年纪还很小，常常会停留在美妙的赞扬声中而止步不前，因此家长应该在了解孩子的基础上，帮助孩子淡化对自我的过分崇拜，而把时间和精力放在努力挖掘自己的潜能上。

成就型孩子喜欢学习，家长可以充分利用孩子对学习的热情，鼓励孩子在各个科目上下功夫。成就型的孩子会很努力认真地学习，因为他们知道努力学习不仅能增长知识，还能得到老师、家长的鼓励，以及同学的羡慕。这些自我心理上的优越感能很好地满足他们的心理需要。

当然，成就型孩子通常有一个显著的缺点，就是有时会太过于自信，甚至会极端地演变为自负心理。他们往往在意虚华的赞美，而忽视单纯的情感，他们有强烈的表现欲望，常常忽视他人的感受，他们可能会失去很多真正的友谊，而被华而不实的虚荣心包围着。这样时间久了，不利于孩子的个人发展和正常的心理健康成长。

作为孩子的父母，要知道孩子有一定的成就感是好的，可以促进他们更好地学习和努力，但是这种心理过于强烈的话，很容易让孩子目标不明确，误入盲目追求虚荣的歧途。所以家长应该做到了解孩子的心理，在满足他们内心诉求的情况下，让孩子能够理智地看清这些，做一个实干主义者。家长应该细心观察孩子，成就型性格孩子的梦想就是成为别人眼中不凡的人，他们需要通过别人的赞美来获得内心的安定。而在获得他人的赞美和肯定之前，需要经过刻苦钻研的努力，家长可以通过一些合适的方法，让孩子意识到自己用功学习的过程才是最为珍贵的，而不仅仅是结果。当孩子能够从不断努力的过程中体会到快乐时，他们的注意力就不会仅仅停留在获得成果后的别人的赞美声中，而会更加注重进步的过程。

成就型孩子的行动力是不容置疑的，他们做事讲求效率，有着很强的竞争力和耐力，即便遇到困难的事情也能克服。他们最害怕的事情就是付出努力没有成果，这样会让他们产生自负感，觉得自己的内心受到了严重的伤害，挫败感急剧上升。所以老师、家长在面对他们时，可以多多给他们一些鼓励的话语，肯定他们的付出和个人价值，即便是小小的口头表扬，对他们来说都是丰厚的奖赏。总之，成就型孩子需要获得爱和肯定，而家长、老师、同学对他们最好的帮助就是给予他们恰当的支持，让他们能够在不断的肯定声中继续前行，取得更大的进步。

值得注意的是，无论是家长还是老师，抑或是同伴，给成就型孩子的鼓励应当放在对他们个人的努力和进步上，而不应过于看重名利或成绩，以免给孩子造成误导，加重孩子对这些的重视程度。应该让孩子知道，大家之所以肯定和鼓舞他们，是因为出自于对他们的关爱，希望他们能健康成长，变成优秀的人。这样孩子随着年龄的增长，阅历的增多，当他们能够对这些有更深刻的认识时，会发现自己的成功不仅仅来自不断的努力，也是由于大家所给予的关爱才使得自己成长为现在的自己。在这样的环境下成长的孩子，自然也会是一个懂得感恩的人。

成就型孩子的表现

1. 积极参加学校组织的活动，并发挥主导作用。
2. 刻苦学习，希望得到长辈的宠爱和夸奖。

3. 责任心强，做事善始善终。

4. 有很强的求胜心，希望自己任何事情都能做得很好。

5. 愿意将自己最好的一面展示出来，并且为此大费心机，有时可能会假装。

6. 喜欢树立目标，并且为此奋斗。

7. 即便是忙得不可开交，也会表现得朝气蓬勃，充满自信。

8. 随机应变的能力强，做事效率高。

9. 注重着装，出门总要精心打扮。

10. 对于"开心""悲伤"的情感表达无动于衷。

 ## "个性暴躁的小领袖"——领袖型孩子

我们身边有这样一种性格的孩子，他们是孩子当中的"小霸王"，做任何事情都雄心勃勃，喜欢替别人做主和指挥小朋友，个性率真，不轻易服输，同时也不愿受大人的支配和控制，让家长很头疼。

吴妈妈在提到自己的儿子牛牛时，一边感觉哭笑不得一边又有些犯愁。牛牛很小的时候就喜欢和小朋友成群结队地一起玩，因为他长得比较健壮，个头也是孩子当中拔尖的，再加上性格直爽、脾气暴躁，许多小朋友都不敢招惹他。和孩子们玩的时间久了，孩子们也常常愿意听牛牛的"指挥"，他成了名副其实的"孩子王"。

妈妈本来不是很担心，认为孩子在童年时代的这些经历不过是闹着玩的，等长大之后就会好了。可是牛牛上了幼儿园后，仍然保持了这种秉性，很少有谦让小朋友的时候，尽管妈妈一再教育，可是牛牛的这个脾气始终没有更改。他和小朋友相处时，总是不拘小节，从来不会说"谢谢""抱歉"这些礼貌用语，还总是想要大家都听他的命令，如果有的孩子不同意，他就跟人家发脾气，或是直接打断别人说话。当大家都听从他时，他就感觉特别得意，但是一旦别人提出反对意见，他就感觉特别不开心。这就让吴妈妈感到有些烦恼，孩子这样的性格，对他的身心健康和个人发展是不利的，可是这个性格的孩子最难做到的就是听取别人的意见，妈妈要如何做才能帮助他呢？

领袖型孩子的第一性格特征就是精力旺盛、控制欲强，他们时时刻刻想要展示自己能够掌控一切的能力，这样的行为习惯似乎能让他们获得心理上的安全感和满足感。他们对权威特别着迷，为了追求权利，他们总是会将精力保持在最旺盛的状态。与他人交往时，领袖型孩子内心的支配欲望就会萌动，所以他们会想尽办法让别人能够听从自己，如果有人愿意这样做，那么他们内心的满足感就会开始膨胀，并会在以后为了满足自己的心理需要而不断采取这些行为，慢慢就养成了习惯。但是，倘若有人提出反对意见，领袖型孩子内心的满足感就会降低，就会像被捏了的皮球一样，而他们就会立刻"反弹"回去，给对方以回击，这也是领袖型的孩子脾气火爆、情绪变化快的原因。这在和小朋友的相处中是非常危险的，很容易发生不可避免的矛盾，作为家长，应该及时发现并注意到这一点，着手培养孩子的性情，让他们的情绪能够变得平静一些。当然做到这些并不容易，需要家长耐心的引导教育，更需要家长切身实际地了解孩子的心理所需，只有真正满足了他们的内心需要，孩子才能在养成好的习惯基础下慢慢发生改变。

我们知道领袖型孩子的控制欲很强，当他们能控制好局面，让大家都听从自己时，就会感到安全；反之则会因为缺失安全感而情绪焦躁。从这一点上来说，家长完全可以将孩子的注意力转化成为小范围的掌控，比如先告诉孩子要管理好自己，这样孩子的目光就不会总是盯着大范围的方向，而是会先从自我本身的小范围出发。自己的行为很周全，内心能获得平衡，在这样的成长氛围中，孩子火爆的脾气能够得到缓和，也不会总是想着要掌控局面，自然就能有所改善。

领袖型孩子除了有较强的控制欲外，值得肯定的是他们富有正义感，他们希望通过自己的努力维护公平和正义，以此来获得他人的尊敬。在这样的心理机制下，领导型孩子能够本能地产生一种强者心态，做任何事情都会竭尽全力，在他人看来，这种性格的孩子身上总是会彰显出一派领袖气质。

另外，领袖型孩子身上总有一股不服输的精神，因此他们不愿意轻易向别人低头，不会一遇到问题就想着去依靠他人，而是坚信凡事都要靠自己，所以有时也会显出特立独行、我行我素的特质。这样的性格特征，往往会让他人觉得反感，因此有时领袖型孩子会让人感觉无法靠近。在这样的情况下，领袖型孩子常常会独断专行，身边的人慢慢会远离他们，这是领袖型孩子最沉重的性格枷锁。同时，领袖型孩子过于看重权威，常常会陷入一种误区，就是会摒弃一切反对意见，无法全面地思考、分析客观情形。这是非常不利的，不仅有损于个人的发展，还会影响整体的成长速度。

因而，对于领袖型孩子来说，他们需要得到的是充分展现个人能力的空间，所以家长应满足他们的这一心理需要，并促使他们在行动的过程中进一步提高自己的综合实力和个人影响力。领袖型孩子做事果敢，常常不拘小节，家长应遵循他们雷厉风行的做事风格，在此基础上提醒孩子注意细节、讲究亲和力和讲文明礼貌，让孩子能够获得全面的发展。

领袖型孩子虽然看起来事事强悍，但是他们也有一颗柔软的心，需要父母和大家的关爱。他们可能会尽力把这样的一面隐藏起来，所以在大家看来他们总是无坚不摧的。而对于亲密的父母来说，当孩子遇到这样的情况时，要做的就是给他们一个宽广的怀抱，用真诚、坦率的一面来给予他们温暖，让孩子紧张的心情能得到放松，然后继续投入到自我成长和锻炼之中。

领袖型孩子的表现

1. 有较多的朋友和支持者。

2. 身强力壮、精力旺盛，做事总是信心十足。

3. 无论在哪里都喜欢做领导者。

4. 有时会忽视朋友的意见，常常为此发生争执。

5. 不愿意臣服于人，不轻易找别人帮忙。

6. 做事果敢，雷厉风行。

7. 有时候固执己见，即便是家长、老师的建议也无动于衷。

8. 脾气火爆，有易怒情绪。

9. 独立意识强，认为是对的事情就全力以赴。

10. 坦率真诚，偶尔也有脆弱的一面。

 "专注力差，害怕挫折"——活跃型孩子

有这样一群孩子，他们精力充沛，爱玩爱闹，很少会一个人安静下来专心地做一件事情，因为这样会让他们觉得无趣；但是他们同时又很喜欢探索新鲜有趣的事物，当然也只是三分钟的热度，当更新鲜的事情出现时，他们的注意力很快就转移过去了……这样的孩子积极乐观，家长似乎并不需要担心，可是正因为他们太活跃了，以至于专注力较差，做事总是虎头蛇尾，一旦遇到困难想到的就是退缩。这种性格的孩子，难免会让家长产生担忧。

淘淘是大家的开心果，她从小就特别好动，整天像一只猴子一样上蹿下跳，一点儿都不像一个女孩子，因此大家都称呼她为"假小子"。可是淘淘对这些一点儿都不在乎，她每天总是乐滋滋的，似乎什么事情都不需要担心一样。她的好性格为她招来了很好的人缘，不仅爸爸妈妈和爷爷奶奶非常宠爱她，而且邻居家的姐姐、小朋友都喜欢跟她一起玩。这下更乐坏了淘淘，她总是能想出各种办法逗大家开心，似乎走到哪里都能听到她和小伙伴爽朗的笑声。爸爸妈妈看到淘淘这样乐观自在，也很开心。

但是，因为淘淘太活跃了，专注力相对就差了一些。爸爸妈妈为她报了兴趣班，可是每次都是信心满满地去，结果却是半路打退堂鼓回来。在学校里也是这样，她上课时精力不集中，一会儿写小纸条，一会儿又偷偷找同学说话。做作业时也总是三心二意，草草了事。老师把淘淘的情况转达给爸爸妈妈，爸爸妈妈好几次语重心长地对淘淘说，要注意改正，淘淘也总是信心满满地保证，结果还是又犯了老毛病。现在，淘淘又出现了新的问题，遇到困难就去找别人帮忙，一旦遭遇挫折，就退缩着不敢面对。爸爸妈妈决定要帮助她克服性格中的缺点，可是他们要如何做呢？

活跃型的孩子都有着外向的性格，精力充沛，乐观开朗，在九型人格中是最积极的一个，但是由于他们过于活泼好动，想法多样且很多时候是不切实际的，所以专注力和责任感较差。虽然他们有时贪图享乐，但很少会有负面情绪，是大大咧咧、敢作敢为的典型代表，因此很受大家的欢迎。

具有这一性格特征的孩子，总是能够让自己处在精力旺盛的状态，似乎他们从来都不会感觉疲惫，他们的每一天都过得精彩纷呈，即便有时已经很累了，但只要发现新鲜有趣的事情，就会马上投入其中。因而活跃型孩子善于发现快乐，也擅长制造欢乐的气氛，适应能力强也是他们的优点。

在大家看来，活跃型的孩子非常有魅力，他们总是能将自己置身于欢乐之中，但是活跃型的孩子也有自己的烦恼，他们不喜欢被束缚，所以总是会通过追求自由和快乐以逃避烦恼，他们最理想的生活方式就是不受外界的限制，过着多姿多彩的生活。

因此活跃型孩子固有的思维模式就是让每个人都能处在快乐的氛围中，并致力于寻找美好快乐的体验，只有这样他们的内心才能感觉充实。这一性格的孩子最害怕的就是失去快乐，如果自己不能创造出这样的环境，就会让他们产生挫败感。所以，家长应遵循孩子的发展，千万不要设置阻碍，让他们能无拘无束地展现自己，为他人制造快乐的同时满足自身的需要。这是孩子成长过程中必不可少的。

活跃型孩子的性格缺点是专注力差，因此，当他们面对困难、痛苦和挫折时，都会选择逃避，不愿意承担责任。这样实际上是给自己的发展设置了限制，相应的能力自然就得不到提高，因而在遭遇挫折时总是表现出恐惧、怯懦的样子。还有一点，活跃型孩子对待事物的热情总是来得快去得也快，他们很难在一件事物上投入持续的关注力，即便做好了相当充分的计划和准备，也往往收不到理想的结果，他们会因为各种理由在计划开始实施的中途丧失最初的热情，从而将注意力转移。

所以，家长要想帮助孩子克服这些性格缺陷，可以先利用孩子对新鲜事物的热情，将他们的好奇心、探知欲充分地利用起来，然后在孩子的热情、新鲜感消散之前，巧妙地将他们的注意力转移到下一件事物上，这样可以循序渐进地培养孩子的专注力，孩子既不会觉得别扭，又能在简单的锻炼中增强自己的专注力。比如孩子对漫画感兴趣，他会投入一段时间和精力去探知其中的奥秘，获得快乐，这时家长要注意观察，当孩子的兴趣减弱时，家长就可以引导孩子从漫画中的图案转移到对文字的探索上，通过这个简单的引导，孩子能够自然而然地持续关注一件事物，这样他们在无意识的状态下实际上已经开始锻炼自己的专注力了。另外，让孩子参与思维练习，教会孩子冥想……这些方法都能帮助孩子提升对事物的专注力。

这是一个循序渐进的过程，在增加了持续关注的时间后，孩子慢慢就能体会到面对一件单一的事物时，也不总是会产生枯燥无趣的情绪，依然能够从中获得快乐。当孩子能够持续地关注一件事物时，他们会越来越有耐心，对事物的热情和专注程度也会延续下去。

活跃型孩子通常容易骄傲自满，当他们取得了进步时，常常又会给自己设限，"做到这个程度已经很好了"，于是又会回到原点，随性而为。这时需要家长在他们旁边不断地进行鼓励，让孩子试着再坚持一下，从而进一步地提升自己的专注力。

活跃型孩子给人的感觉总是轻松、积极、乐观的，但是他们和其他孩子一样，在遭遇挫折时，内心深处潜藏着深深的恐惧。不过活跃型孩子通常会表现出一副满不在乎的样子，然后用躲闪、逃避的方式处理，究其原因是他们平时习惯了带给别人欢乐，给自己制造愉悦，而并没有习惯面对困难，不知道此时应该如何是好，所以才会被恐惧心理吓倒，慢慢也就弱化了处理问题的能力。所以，家长这时最好的应对方式就是给孩子勇气和信心，告诉孩子"遇到困难，我们一起面对"，这样孩子就有自信心去面对，即便是失败了，他们乐观的态度也能起到良好的作用。孩子能够敢于迈出第一步，而不是站在困难的门口选择逃避，在这样的良性循环下，孩子慢慢就能养成好的习惯，自然能够变得更坚强，更有责任感！

活跃型孩子的表现

1. 性格开朗、乐观，积极向上。

2. 喜欢搞恶作剧，经常通过说笑博取他人的开心。

3. 好动，忍受不了无聊的事情。

4. 常常向长辈撒娇。

5. 即使被训斥也会很快忘记。

6. 做事虎头蛇尾，缺乏毅力和耐心。

7. 对任何事物都是三分钟热度。

8. 好奇心强，对新鲜事物充满兴趣和探知欲望。

9. 无论做什么事情都很自信，做事速度快。

10. 朋友成群，喜欢和同伴在一起。

 ### "情感总是太细腻"——浪漫型孩子

生活总是多姿多彩，因为我们的世界是由千千万万不同性格的人组成的。孩子也一样，有性格外向型的，就会有害羞腼腆型的。他们或许并不引人注意，只喜欢安安静静地待在角落，但是他们常常也会在不经意间给人一个大大的惊喜，因为这样的孩子总是怀着细腻柔软的情感，无时无刻都像一个举止优雅的艺术家一般，散发着迷人的气质。

雅雅是一个情感细腻的孩子，她如今已经上高中了，性格也变得开朗了很多。雅雅在和好朋友谈到自己的成长经历时，感慨颇多：

我小的时候性格特别内向，不敢大声说话，老师请我站起来回答问题，声音小得连自己都听不见，那时总是害羞得满脸通红，还常常担心大家是不是很讨厌我，也不太喜欢去热闹的场合，每次遇到这种情况，总是第一时间"逃离现场"。所以我总是喜欢待在室内，用看书来打发时间，庆幸的是我从书中学到了很多知识，弥补了我情感上的空虚。说来有一次我在阅读一本小说时，竟然跟着故事情节不由自主地落泪，妈妈发现还以为我出什么问题了。现在想想真是很有意思呢！

后来，老师发现我的手工非常棒，常常在同学们面前表扬我，那时候我觉得自己非常优秀，于是更加用心去做好每一件事。然后自然也就多了很多和同学说话的机会，慢慢地我发现自己很喜欢和大家在一起的时光。时间一点点过去，就变成了现在的自己。如今真是要感谢那些经历啊！

情感细腻的孩子通常都比较敏感，极富想象力和创造力，尤其富有同情心，所以在很多时候会显得特别感性，时时刻刻像一个腼腆娇羞的小公主或是风度翩翩的小王子，因此被称为"浪漫型"性格。这一性格的孩子有一些共同的特征，比如动作缓慢、语调柔和，说话做事都是小心翼翼，常常给人留下乖巧可爱的印象。

浪漫型孩子最突出的特点就是敏感和喜欢幻想，他们的注意力常常会停留在一些不完美的地方，因此也容易陷入忧伤的情绪中，因为他们能够比常人更能体会到这些细腻的情感变化，说他们天生具有浪漫的气质一点儿都不为过。此外，他们非常喜欢幻想，那些在现实生活中存在的遗憾或不完美，通过他们天马行空的想象会变得丰满。在这个过程中，他们能够得到自我的满足，弥补心中的缺憾和不足。

情感上的细腻能让他们每时每刻都用心感受周围的一切，他们用独特的审美观，发现和探索身边那些潜藏的隐秘情感，并且也在不断地自我发现，通过这些发现和思考，让生活更加有意义。让简单普通的生活变得不同凡响，这大概就是他们独一无二的性格优点。可以说，很多艺术家都具有这样的气质。

这一性格特征的孩子非常善于聆听，且总会流露出最诚实的情感，这一点难能可贵。所以家长也要给他们更多的重视，善于发掘他们身上潜在的能力，并重视与孩子的沟通，在他们需要支持和帮助时，能够第一时间给予回应和慰藉。

但是浪漫型性格的孩子比较容易情绪化，容易产生悲观和消极情绪；害怕被拒绝，不善于人际交往，且占有欲比较强，这些是家长需要注意的性格弊端。孩子比较容易情绪化，能敏感地从外界捕捉到信息，有时连大人也难以捉摸到他们的情绪变化，很多时候他们会在一瞬间产生极其强烈的情感波动，然后陷入自我矛盾之中难以自拔。所以当家长发现孩子产生了悲观或消极懈怠的情绪时，可以尝试和孩子多多地沟通交流，彼此分享内心的情绪，这样既转移了孩子的注意力，又能避免他们继续陷入纠结的情绪当中。在这一过程中，孩子能够获得心灵的慰藉，当他们再次陷入忧伤的情绪中时，就能够想到和他人分享自己，通过别人的疏导获得心理上的释然和轻松感，这样孩子就不会被不良的情绪所限制，家长也不用再担心孩子会患上抑郁症了。

浪漫型孩子大多数属于内向型性格，他们喜欢安静的环境，愿意一个人独处，总是会尽量减少和他人的相处，所以他们不善于与人交往，常常会感觉自己被孤立了，尤其是在遇到拒绝时，他们脆弱敏感的心立刻就会本能地产生抗拒，误认为别人是不喜欢自己才会拒绝的，因而变得更加自卑。有时，浪漫型孩子很难从自我设定的限制中走出来，只有当外部环境做出改变，孩子能够感受到大家愿意接纳自己、而他们也能敞开心扉将自己展现给大家时，他们才能放下心中的不安，融入到集体的环境中。因此，家长需要多多给孩子创造展示自我的机会，让孩子能得到大家的肯定，获得成长。

另外，浪漫型孩子有较强的占有欲，有时还会产生嫉妒心理，这些是他们细腻情感中特殊的部分。这些情绪和心理的产生，源自他们内心的极度不自信和不安全感。因此在孩子的成长环境中少一些比较，多一些关爱和支持，经常对他们说"你很优秀""你并不是一个人""我们都很爱你"……这些话语和举动，能够让孩子被需要的心理得到满足，他们自然也能投射给他人相同的关爱。

浪漫型孩子的表现

1. 认生，容易被外界环境左右。

2. 喜欢安静的环境，有时也非常想要表现自己。

3. 喜欢幻想，经常会莫名其妙地提出一些令人匪夷所思的问题。

4. 对感人的故事情节、电影片段非常着迷。

5. 不喜欢循规蹈矩，希望自己与众不同。

6. 喜欢聆听，善于察言观色。

7. 动作缓慢，说话声音小，措辞小心翼翼。

8. 总是会羡慕别人的优点。

9. 非常在意别人对自己的评价。

10. 不擅长交朋友，但是会和知心朋友畅所欲言。

 ## "付出总是没有底线"——助人型孩子

有这样一群孩子，他们很喜欢帮助别人，无论是遇到老年人还是比自己年幼的小孩，只要别人有需求，他们总会第一时间站出来，即便是面对大人时，也总是会问"我可以帮你吗？"只要有他们在的地方，就总能看到那些默默付出的身影。似乎他们就是活雷锋，给他人提供帮助，比自己获得任何荣誉都要满足。

十岁的微微是一个讨人喜欢的姑娘，她从小就很听父母的话，爸爸妈妈让做什么事情，她都会按照要求一一做好。在父母的悉心管教下，她也非常懂礼貌，每次到亲戚或邻居家做客，都表现得举止有礼，深受大家的喜爱和赞扬。似乎这些赞扬对微微就是最高的奖赏，她开始意识到让他人觉得满意是一件悦人悦己的事情，于是微微在心里想着："以后一定要经常帮助人，这样的人是很受大家欢迎的！"

因此，微微看到比自己小的弟弟妹妹，就细心地照顾他们，即便是提出一些难以满足的要求，微微也会尽量满足。有一次妈妈将一个很漂亮的文具作为生日礼物送给微微，微微也十分喜爱这个礼物。碰巧小妹妹看到了，对这个文具爱不释手，央求着微微送给自己。可是微微也很喜欢，但她又不想让小妹妹失望，于是只好忍痛割爱了。

这样的事情还有很多，后来微微上了小学，担任了班干部，她更是对同学给以无微不至的帮助，常常花很多时间在帮助同学的事情上。为了让老师和大家都满意，她觉得只要能帮到大家就会非常开心，如果帮不到他人，还会有失落感。爸爸妈妈虽然对微微的表现引以为傲，也一直支持她这样做，但是偶尔也会考虑，孩子这样默默付出，究竟对她的成长能起到什么作用呢？

　　案例中的微微是典型的助人型性格的孩子，他们一般都情感细腻、乖巧懂事、友善随和，能敏锐地察觉到别人的需要，并会非常热心地提供帮助。助人型孩子对父母孝顺，愿意照顾比自己年幼的孩子，尊敬长辈，和任何人都能愉快地相处。他们对别人的评价非常看重，在与人相处时非常善于察言观色，能迅速地发现自己身上能吸引他人的地方，并能针对不同的情况做出不同的反应。他们有着非凡的记忆力，在和别人相处的过程中，他们会记住所有人的喜好、对方感兴趣的话题等，以便在下次相处时为他们提供帮助，制造愉悦的气氛。

　　其实，助人型孩子同样非常渴望得到别人的关爱，而且他们认为只有不断地付出，满足他人的需求后，才能换来别人的爱和重视。让他们心里感到最满足的事情就是自己为别人付出后得到中肯的评价，这会激起他们内心强烈的成就感。然而，助人型孩子在想要获得赞美的背后，实际上更在意的是自己能被他人喜欢和接受，这源于他们内心深处隐藏的细腻的情感需要，他们的内心其实是脆弱的，不能接受别人不够重视自己，这会让他们感觉灰心丧气，这种感觉是他们所不能容忍的，所以只有通过不断努力和不断付出来得到回应。

　　助人型孩子往往过于重视他人眼中的自己，似乎无时无刻不在寻找为他人提供帮助的机会，有时他们为了获得他人的喜爱和重视，会不惜牺牲自己来实现对他人的帮助，甚至有时的付出超过了底线。孩子这样不计后果的付出虽然有些鲁莽，但是在他们看来却是值得的。从另一个角度来看，其实这样的行为是不可取的。孩子通过无限的付出赢取他人的认可，看似自己获得了更高层次的满足感，但其实是助长了自我和他人的自私心理。这是对自我和他人的发展都不利的，家长应该引导孩子学会把握尺度，做到既能通过帮助他人获得满足感，又能让他人在获得切实需要的帮助后，真正欣赏助人型孩子的品格魅力，能以感恩之心回馈他人，而不是无限制地要求别人为自己付出。

助人型孩子性格的形成与父母对他们的培养方式有关。如果父母对孩子的要求过高，孩子会在心里给自己施加压力，潜意识里认为只要能得到大家的认可，无论是自身能力的提高还是通过助人获得好评，他们就能释放自己的压力，让内心感觉平衡和舒适。其次，父母对孩子表达爱的方式不正确，也会让孩子的内心感到紧张和不满足。其实每个父母都是爱孩子的，但是每个人的表达方式不同，很多孩子常常会误以为自己得到的关爱不够，所以就会想要通过各种方法引起家长的注意，或是通过得到他人的关爱来弥补自己内心的情感缺失，久而久之，他们的性格就发展成了助人型。

想要弥补孩子的情感缺失，助人型孩子的父母首先应当审视自己对待孩子的方式方法，是否能满足孩子对安全感的需要，如果发现在这一点上有所欠缺，应当尝试改变方法，用一种孩子比较容易接受的方式去告诉他们"爸爸妈妈很爱你"，千万不要吝啬对孩子的关爱。此外，不要过分要求孩子做他能力范围之外的事，父母可以扮演好安抚者的角色，安抚孩子时时刻刻都要证明自己的焦躁情绪，安抚他们没有得到回报产生的失落心情。

父母要知道，助人型孩子习惯了通过帮助他人获得自我满足，并以此为快乐，这是需要肯定和赞扬的，也需要鼓励和支持。父母可以告诉孩子，"这是你的优点，大胆去做吧，爸爸妈妈会一直支持你的"，这样孩子才能更有信心去做好，发挥自身的魅力。父母应当注意提醒孩子发现自己的不足、缺点，在助人为乐的过程中不断完善自己，实现真正的自我成长。

最后要提醒家长注意，助人型孩子总是担心别人受到伤害，所以很少会主动表达自己的想法，这也是他们无限付出的误区。所以父母应该引导孩子做出改变，因为任何人都是有需求的，如果总是为别人无限制地付出，渐渐就会忽视自己本身的需求。家长可以鼓励孩子勇敢地提出自己的要求和想法，向他人表达自己的真实意愿，这样才能在彼此关心爱护中和谐共存，也有利于培养孩子正直诚实的品性。

助人型孩子的表现

1. 不擅长向别人提要求。
2. 善解人意，总是能给人提供无微不至的关怀。
3. 常常表现得很乐观，但却是为了博取他人的好感。
4. 和朋友吵架，会主动求和。
5. 讲义气，总是把朋友的利益放在第一位。
6. 非常在意别人对自己的评价。
7. 总是能设身处地地为他人着想，而不考虑自己。
8. 帮助别人就会感到无限快乐。
9. 喜欢小动物，愿意花时间照顾它们。
10. 不能容忍别人受欺负，爱打抱不平。

 ## "胆怯的内心让他们恐惧冲突"——和平型孩子

在我们的生活中不难找到这样的孩子，他们温和友善，不轻易发脾气，很少会与人发生冲突或不愉快的事，似乎他们天生有着极强的忍耐力和包容力，很多时候人们会觉得他们优柔寡断，是个十足的胆小鬼。

"好脾气"和"慢性子"是大家形容乐乐必用的词语，因为在大家的印象中，乐乐就是这样一个性情随和、非常有耐心的孩子。乐乐从小就非常听话，无论是爸爸妈妈的安排，还是老师长辈的吩咐，他都一一照办，是大家眼中不容置疑的"乖宝宝"。即便有时乐乐并不喜欢，但他还是会说服自己，默默地努力完成。大家有时也会咨询乐乐的想法，可是乐乐总是这样回答："我觉得这样就挺好的，您说得非常对。"大家也只好作罢了。

乐乐要上小学了，全家人讨论着他该去市里的哪所学校就读，在这个问题上，大家存在着很大的分歧，当全家人讨论得热火朝天却仍无结果时，终于想到最应该咨询一下乐乐本人的意见，可此时才发现乐乐已经一个人回到了自己的房间看书，大家都感到很惊讶。当爸爸妈妈问乐乐想去哪所小学上学时，乐乐犹犹豫豫地说："我也不知道，你们看着帮我选就好了！"

还有很多次，爸爸妈妈看到乐乐和其他小伙伴相处时，无论发生什么事情，总是乐乐让着别人，尤其是在做决定时，乐乐总是会为了避免矛盾选择迁就。爸爸妈妈意识到这样发展下去孩子会变得越来越没有主见，可是他们又不知道该从哪里下手来帮助乐乐。

乖巧听话、敦厚老实、害怕做决定、容易妥协，这是和平型性格的孩子最典型的表现，因为他们不愿意与他人发生争执，能很好地配合好他人，宁愿做出自我牺牲来维护和谐的氛围。

和平型性格的孩子的欲望最容易得到满足，他们追求的是内心的平静，情绪通常不会有太大的起伏，所以总是会给人一副无所谓的样子，做起事来不紧不慢，有点儿沉闷的感觉。其实，这一性格的孩子只是不太愿意看到不好的情景发生，害怕矛盾和冲突，所以他们常常会委曲求全，选择顺应和配合别人的节奏。和平型孩子有着平和的心态，不会给他人造成压力，他们善于倾听他人的心事和烦恼，从不把自己的想法强加给别人，因此和平型孩子能够和任何性格的孩子相处得很愉快。

这一性格的孩子非常畏惧矛盾的产生，因为在他们的心中，似乎总有一个声音在提醒——"要顺其自然""事情总会解决的"。他们很少会把注意力放在自己身上，而是会花很多时间关注外部环境，似乎只有这样做才能让他们获得归属感和舒适感。也正是因为这个原因，和平型的孩子很容易受到外界的影响，习惯性地把自己塑造成一个和平善良的人。

其实，他们内心的胆怯来自对自我欲望的压抑，他们追求和平安静的环境，不希望任何矛盾和冲突发生，一旦有矛盾发生，就会选择逃避或是以"我不会受到影响"的心态来缓解自己的情绪，不断降低自己的需求，忽略自己的需要来顺应别人，这些特点很容易让他们失去追求自我成长的动力，对自身的发展造成很大的阻力。

随着这一习惯的养成，孩子会对这种自然、安静、无波澜的生活产生依赖，他们不太容易能适应新的环境，因此畏惧改变，在冲突和矛盾发生时，才会第一时间想到妥协，以此来换得舒适的环境。和平型孩子虽然不轻易发脾气，但是当他们的情绪爆发时，总会让人大吃一惊。

对这种类型的孩子，父母需要及早加以引导，让他们能够更好地适应周围的环境。要知道，和平型孩子虽然外表看起来很容易得到满足，但其实是得不到归属感造成的。他们感觉身边的人都对自己漠不关心，所以很少会表达自己的真实意愿，害怕给别人造成困扰或是带来麻烦，总是一再退让和隐忍。此时，家长要做的事情就是开导孩子，让他们学会先从小事情上表达意愿，不要事先就给自己施加压力，也不要总是不停地思考后果，因为害怕做错事而缩手缩脚。比如买东西时让他们自己做选择，考试前不要总是给孩子压力，不要在生活或学习中不停地制订计划。可以多多地给孩子展示自己的机会，多和孩子讨论交谈，让他们在轻松的环境中表达自己的真实想法。尤其是在做错事的情况下，家长不要一味指责孩子，或是过分地保护孩子，要让孩子学会为自己的选择和行为承担责任。当他们能够敢于表达自己、敢于面对选择时，内心的胆怯和畏惧感就消失了一大半了。

另外，和平型孩子需要外界的刺激来激发自身的斗志，去勇敢地接受各种挑战。在实际生活中，和平型孩子的父母通常脾气很好，性格温顺，很少与人发生争执和矛盾。在这样温和的环境中成长起来的孩子就少了很多外部世界的刺激，他们习惯了这样的环境，自然不愿意轻易改变。为此，父母可以适当地给孩子一些锻炼的机会，让他们接受突破自我的挑战。再者，要帮助孩子克服依赖性，但不要一股脑地把问题的根源和解决方法灌输给孩子，而是让孩子自己有思考的过程，让他们一点点依靠自己的力量摆脱爸爸妈妈的帮助，当然父母也要向他们传达鼓励和支持的信号，做好孩子坚强的精神依靠。

当孩子能够适应不停改变的环境时，他们才能从内心深处获得真正的存在感和归属感。这样成长起来的孩子就不再胆怯和畏惧，而是会为自己感到骄傲。

和平型孩子的表现

1. 温顺听话，很少让父母担心。

2. 喜欢父母的拥抱或类似的身体接触。

3. 家人或朋友吵架时会感到郁闷，并且会刻意回避。

4. 遇到有选择的问题时，倾向于咨询父母或长辈的意见。

5. 不擅长整理物品，常常陷入混乱状态。

6. 做事拖拉，在开始做一件事情时总是会浪费很多时间。

7. 害怕影视剧中暴力、恐怖的场面。

8. 在表现自己时不够大方自然。

9. 受到训斥或被强制做事情时，会固执己见。

10. 有选择恐惧症，挑选东西时需要花很长时间。

下 篇

给孩子更多心理保护，
用好习惯铸就最佳性格品质

★ ★ ★ ★ ★

Part 07
异常习惯不是错误，家长们要懂得理解

 了解奇怪的"恋物症"，帮助孩子找到情感寄托

　　家长常常会产生这样的误解，他们只要看到自己的小孩特别钟情于某个玩具、某个物品，或者一到爱不释手的程度，就会担心孩子是不是患上了"恋物症"，认为会影响孩子的身体和心理的健康。其实，家长并不需要过分担心和顾虑，孩子特别喜欢某个物品，只是他们心理上的一种情感寄托，是一种缺乏安全感的表现，不应被理解为心理疾病。

　　五岁的小凡已经上幼儿园了，他有一条蓝色的小毯子，这是他很小的时候就用过的，一直没有离开过身边。到幼儿园时，小凡还特意让妈妈把这条毯子带上，因为只要有了他心爱的小毯子，他就能感觉特别安全。

　　因为小凡总是随身携带他的小毯子，招来了很多小朋友的嘲笑："这么大了还离不开小毯子，真是丢脸！"小凡极力反抗，无论怎样都不肯放

弃他的心爱之物。几年下来，小毯子已经不再鲜艳亮丽，甚至有些陈旧了，但是小凡钟爱它的热情一点都没有减退，无论是去爷爷奶奶家还是跟着爸爸妈妈到外地旅行，旧毯子也一直伴随在身边，小凡把它紧紧抱在怀里，不允许任何人碰。如果他发现旧毯子没带，一定会烦躁不安、哭闹不休，即使到了床上也迟迟无法入睡。

前不久，妈妈以讲卫生为由，将小凡的毯子扔到了垃圾筒里，结果小凡整整哭了一天，茶饭不思。直到妈妈重新把它捡回来，清洗干净送还给了小凡，他才停止了哭闹。

妈妈担心孩子得了偏执症等心理方面的疾病，于是前去咨询心理医生。心理医生说这是很正常的现象，在美国也有很多孩子曾有这样的状况发生，并建议小凡的妈妈说：如果孩子觉得这样做舒服和安心，那么就顺着他这样去做，千万不要强硬地制止，否则很有可能带来更大的心理伤害；可以尝试正确引导，帮助孩子找到新的情感寄托，给孩子足够的安全感，孩子慢慢就能摆脱这种现象了。

很多人可能还不是很了解什么是恋物症，恋物症其实是从青春期才开始的，目前恋物症的病因还不是很明确，有人认为可能与患者遭受过某些心理创伤、个性孤僻、胆小、拘谨，以及在性心理发展过程中缺乏正确的引导等有关。所以，幼儿时期的恋物情结并不属于恋物症的范畴，而应当理解为儿童的一种习惯。

因此，家长不要将孩子特别喜欢某个物品的现象错误地与恋物症混为一谈，而是要多陪伴和观察孩子，理解孩子真实的心理需求，给他们提供适当的帮助和足够的关爱。

根据调查和研究，孩子在早期出现的恋物现象，其实是他们内心缺乏安全感和满足感的一种表现形式。我们知道，孩子在婴儿时期通过吮吸能够获取安全感和满足感，当孩子在七八个月大时，会对柔软、触感好的东西表现出强烈的喜爱，这些物品能给孩子带来心理上的安慰，在孩子的潜意识里，会对这些心理上的安慰产生依赖，从中获得安全感和满足感。所以说，孩子无论是通过吮吸还是寻找柔软的物品当成情感寄托，实际上都是在弥补他们心灵中的不安全感。

每个婴儿降生，他们都要慢慢适应这个环境，每个孩子的成长也是如此，需要一点点摆脱心理上的"拐杖"。在这个过程中，有很多孩子能够适应得非常快，健康茁壮地成长着，可是仍然会有很多孩子会出现这样那样的状况，尤其是心理上缺乏安全感的问题，需要家长深刻地思考，究竟是什么原因让孩子的心理得不到满足，才致使孩子出现了恋物情结？

我们知道，孩子非常需要爸爸妈妈的关心和爱护，如果在孩子很小的时候，爸爸妈妈陪伴他们的时间很少或是请其他人照顾小孩，孩子的内心就会缺乏一定的安全感和满足感。当然也有的情况是，在家庭生活中，妈妈照顾孩子比较多，而爸爸对孩子的照顾很少，这样也会让孩子无法顺利获取安全感，从而发生用替代物作为情感寄托的现象。随着习惯的慢慢养成，孩子可能就会对从小陪伴自己的毛毯、枕头、玩具等一些物品产生心理上的依赖感，并在潜意识里把这些物品当成缺失的爸爸妈妈的关爱，用它来弥补内心的不足。同时，伴随着孩子一点点长大，爸爸和妈妈不可能 24 小时都陪在孩子身边，而孩子也会将这种依赖转化到物品上，当爸爸妈妈不在身边的时候，这些物品就代表爸爸或是妈妈，来陪伴自己。

所以，这就要求父母在孩子成长的关键期，一定要多花时间和精力来陪伴孩子，给他们足够的关心和爱护，让孩子的内心能够获得充盈感，不会因为安全感缺失而产生对物品的依赖。当然，如果是妈妈照顾孩子比较多，那一定也要让爸爸承担起照顾孩子的重任。可以这样说，如果孩子能够顺利而恰当地从父母身上得到足够的安全感和自信心，那么他们出现恋物情结的概率就很小。

当孩子出现恋物的现象时，家长无须过分紧张，否则容易给孩子造成更大的心理压力。要知道，孩子对物品的依恋程度会随着年龄的增长而减少，孩子在缓慢的成长过程中也能够通过自我的成长获得满足感和成就感，这些能够为他们带来安全和满足，因而减少对物品的依赖程度。

这个阶段属于孩子成长的过渡阶段，家长要正确对待，千万不要试图强制改变孩子的习性来实现导正，正确的做法是在满足孩子心理欲望的基础上，转移孩子的注意力，让孩子能够自然而然地放弃对替代物的依赖，顺利地度过关键期。

当然，从孩子幼儿期起，父母也需要用积极的方法预防孩子出现恋物症等性心理病态。尤其是要处理好孩子在三到五岁时幼儿恋母情结的转化。比如母亲不要过于溺爱孩子，在孩子面前强化对父亲优良品质的认可，让孩子对母亲的依恋转移到父亲身上，这样孩子就不会对单一的事物过分依恋。其次，父母要注意培养孩子良好的性格，鼓励孩子努力学习，积极参加集体活动，培养良好的个性品质。最后，不要给孩子过大的压力，要重视孩子的心理健康，形成亲密的亲子关系。

 ## 避雷针效应：及时疏导孩子的坏情绪

常听家长说，孩子的情绪总是说变就变，前一秒钟还是乐呵呵的，后一秒钟就翻脸暴跳如雷了。通常孩子的要求得不到满足时，他们就会乱发脾气，大喊大叫，甚至打人、骂人。家长常常会这样说："如果孩子总是能保持愉快的心情，他们还是很乖很可爱的，可是一旦被坏情绪控制，就完全变了样……有没有什么好的方法，能及时疏导孩子的坏情绪，让孩子能够总是保持轻松愉快的心情，健康地成长呢？"

一位妈妈这样说：我家孩子小宁以前很乖巧，自从发生过一件事后，他越来越不听话了。一次，他的同学来家里玩，刚开始的时候两个小孩玩得特别开心，可是后来两个人因为玩具争吵了起来。小宁说话很难听，对方也不示弱，两人差点儿还动起手来。幸亏我及时赶到，暂时分开了两个孩子。我给小宁讲道理，同学来家里做客，你要懂得照顾和礼让，谁知他就是不听。等小朋友走后，他的情绪还很不稳定。晚上他爸爸回来我把这事给他说了，爸爸给孩子讲道理讲不通，最后爸爸发脾气说："你再这样我就不管你了！"小宁当时就摔门进了自己的房间。他爸爸平时比较娇惯孩子，一看小宁不高兴了，赶快给孩子道歉，分散孩子的注意力，孩子才平静下来。

这以后，我和他爸爸带他外出，只要没满足他的要求，回来后他就开始闹，有时候情绪实在控制不住了，就直接在大街上闹，弄得我们很没面子。只好想办法赶快哄他，又答应了他的要求。现在孩子的情绪变得更糟糕了，稍微不顺心就开始闹，比以往闹得更厉害了。我现在对孩子的情绪变化都产生了恐惧的心理，真不知道该怎么办了。

孩子闹情绪，是自控力差的表现，这与父母的培养方式有很大关系。父母总是娇惯孩子，或者是对孩子过于严厉，这些极端的教养方式都会影响孩子的自控能力。父母总是会无条件地答应孩子的要求，孩子就会认为父母为自己提供帮助是理所应当的，只要一发脾气、一闹情绪，父母即便是不愿意也不得不提供帮助。当孩子提出无理要求时，如果父母不加以拒绝，孩子慢慢也就变得目无章法、随心所欲了。

另外，有一个心理规律是这样的：如果负面情绪不断积累起来，当积累得太多时，就会在心理、行为上出现问题。孩子在生活中，可能总是处在自我压抑之中。比如爸爸妈妈对孩子的要求过高，对孩子又特别严厉。孩子表面上看起来听话、乖巧，但其实一直是处在被压抑的状态。当孩子的自我意识觉醒时，或者遇到特殊的事情不愿意再继续承受压抑时，就会爆发出来。

所以在日常的生活中，家长一定要注意对孩子采取正确的教育方式，不要娇惯、纵容孩子，也不要对孩子过于苛刻、严厉。尊重孩子的天性，让孩子能够自然成长，这是每个孩子能健康成长的基本前提。

同时，家长还要注意，当孩子产生坏情绪的时候，要学会运用正确的方法帮助孩子疏导。每个孩子都很容易产生不佳的情绪，自控力相对较差的孩子常常会表现出不好的行为。其实孩子在发脾气的时候，也知道自己的表现并不好，会产生羞愧感，家长要多观察孩子，了解孩子在闹情绪之前所伴随的反应，也可以在孩子闹情绪时，或者在闹完情绪之后对孩子进行教育引导。

父母的处理技巧可分为四步：第一步要做的是肯定。当家长发现孩子发脾气、情绪失控时，直截了当地说出孩子此刻的心理活动。比如对孩子说："我现在在你的脸上看到了不好的情绪反应，你的眉毛紧皱，满脸愤怒。这样真的很难看，你想要看一下镜子里的自己吗？"或者可以说："宝贝，我看到你很伤心的样子，可以告诉我发生了什么事吗？"作为处理情绪的第一步，肯定的意义是向孩子表达："我注意到了你的情绪变化，我很关心你，不希望你有不好的表现，并且希望你能接受我的建议和帮助。"

第二步要做的是分享。当孩子意识到了自己的情绪变化，开始运用自控力控制自己的不佳情绪时，已经是很棒的表现了。等孩子的情绪稳定下来之后，帮助孩子捕捉内心的情绪，并且要分析是什么原因导致了这种情绪的萌发，寻找到更好的处理方式，最后让孩子回忆整个过程。比如可以说："你刚才很生气，对吗？""可是如果你不控制自己，就会表现出很粗鲁的样子，人们都不喜欢粗鲁的孩子，所以你刚才的做法是不对的，等冷静下来把心里的烦恼说出来，我们一起找办法解决，这样不是很好吗？"

有的时候，孩子们对情绪的认识不多，也没有足够和适当的词汇来描述情绪，家长要他们正确表达内心的感受是比较困难的。所以需要家长提供一些情绪词汇，帮助孩子把那种难以描述的恐慌和不舒适的感觉吐露出来，让孩子明白自己当时的内心感受，并且能够在下一次情绪冲动时回忆起来，练习自我控制。

第三步是设范，是指为孩子的行为设立规范。通常情况下，孩子是非常具有规则意识的。因此在日常生活中，家长应有意识地帮孩子建立起规则意识，可以划出一个明确的范围，告诉孩子哪些行为可以理解和接受，哪些则是不合适和不能接受的。比如孩子受挫后打人、骂人或摔玩具，可以这样说："妈妈知道拿走你的游戏机你很生气，我能明白你的感受，但是你打人、骂人、摔东西就不对了。现在我原谅你，但是你要保证下次不再发生同样的事情，好吗？"虽然对于六岁以下的孩子，无须深入解释对与不对的理由，但是家长也要提前把这些标准给孩子树立好，等他们养成习惯，慢慢长大了自然也就懂得了。当然，家长也要兑现许诺，不要答应了孩子之后却因为不能兑现而引起孩子的不满情绪。

第四步是策划。孩子爆发了坏情绪，如果他能够意识到自己的表现并不好，当孩子冷静下来时，他可能会主动发问："妈妈，我刚才是不是做错了什么事情？"或者家长可以有意识地提醒孩子，自己的坏情绪造成了怎样的恶果。当孩子感到惭愧时，家长便可以教导他，策划一下如果用另外的方式去面对和处理，是否能够取得比较好的结果。比如"如果重新来过，你能想到其他的方法吗？""下次发生同样的情况时，怎么做会更好呢？"此时，孩子已经领悟到：现在我知道我感觉糟糕的原因了，下次如果发生相似的事情，我一定能很好地处理。

测一测你对孩子的情绪反应

在孩子闹情绪时，你的反应常常是——

A "别哭了，妈妈带你去买糖果吃。"

B "你这个样子像个男孩子吗？真丢人！"

C "回你自己的房间吧，等气消了再出来。"

D 不理会孩子的情绪反应，喋喋不休地说："人总会遇到不如意的事嘛，妈妈像你这么大的时候……"

答案参考：

A类——"交换型"父母：

你认为负面情绪有害，所以每当孩子有忧伤的感觉时，你就努力把世界"修补"好，却忽略了孩子更需要的是了解和慰藉。

看到父母的这些反应后，孩子会对自己产生怀疑："既然这不是什么大不了的事情，为什么我的感觉这么糟？"次数多了，孩子会变得缺乏自信，在情绪上很容易产生很大的压力。

B 类——"惩罚型"父母：

孩子常常由于表达哀伤、愤怒和恐惧而受到你的责备、训斥或惩罚。你以为这样不会"惯"出孩子的坏脾气，甚至能够让孩子变得更坚强。

表达出自己的情绪可能会带来耻辱、被抛弃、痛苦、受虐待的感觉。所以，对于负面的情绪孩子是又憎恨又无可奈何。长大后面对人生的挑战时，他们会显得力不从心。

C 类——"冷漠型"父母：

你接受孩子的负面情绪，既不否定也不责骂，而是"不予干涉"，让孩子自己去找办法宣泄一下或者冷静下来。

可因为没有父母积极的引导，一个愤怒的孩子可能会变得有侵略性，用伤害别人的方式来发泄；一个伤心的孩子会尽情和长时间地哭闹，不知道怎样去安抚自己和舒解自己。

D 类——"说教型"父母：

你以为孩子只要明白了道理，负面情绪就会消失，所以你热衷于滔滔不绝地讲道理。

此时，孩子感到孤单无助，仿佛身处黑洞，得独自面对负面情绪带来的痛苦。而父母喋喋不休的训导，只会令他苦上加苦。

 ## 孩子用吮吸拇指来表示自己的另类饥渴

人们会发现，孩子似乎有一个特别的"嗜好"，就是喜欢吮吸拇指。无论是婴儿还是四五岁的孩子，仿佛只要他们开始吮吸拇指，就能感觉到特别惬意和舒适一样。家长难免担忧，孩子吃手很不卫生，身体很容易受到细菌侵袭。而一些家长也会懂得，孩子吮吸拇指，其实是一种自我满足的慰藉方式，这可能是孩子在向家长暗示自己在心理上的某种需求。那么，孩子们传达了什么样的信号呢？

　　小同是一个三岁半的孩子，他有一个坏毛病，就是喜欢把玩具或指头往嘴巴里塞。爸爸妈妈只要看到孩子的这个不好行为，就立即阻拦，把玩具强行从孩子手里拿过来，或者拍打孩子的小手，并说："脏，不许这样子！"然后就会听到孩子哭闹的声音。经过爸爸妈妈的导正，小同吮吸手指和玩具的现象明显减少了。可是最近一段时间，小同又出现了相同的情况，他常常趁爸爸妈妈不注意的时候，"津津有味"地吮吸自己的大拇指。

　　有一天，妈妈和爸爸在客厅里看电视，小同静悄悄地在一旁玩。当爸爸妈妈注意到小同时，发现他正在吮吸着拇指。妈妈严厉地说道："不是改了这个毛病了吗，怎么又开始了呢？"听到妈妈的斥责，小同立即停止了吮吸。可是等到爸爸妈妈的注意力不在自己身上时，他又开始吮吸拇指了。

　　爸爸妈妈见斥责已经起不到效果了，担心孩子是不是存在什么心理方面的疾病，于是就去咨询心理医生。医生在了解了一番情况后，说孩子吮吸拇指是一种"情感饥渴"的表现，并建议父母平时要多关心孩子，陪孩子一起玩耍，不要总是采用斥责或是打骂的方式教导孩子，要细心耐心地照顾孩子。孩子能够从父母的悉心照料中获得满足感，并且也能满足自身的情感需要，就不会轻易产生不安的感觉和对情感的"心理饥渴"。孩子吃手的现象自然也就慢慢地消失了。

　　许多新生儿都喜欢吮吸奶嘴，三四岁的儿童有时也喜欢吮吸大拇指。父母看到孩子这样的行为，常常会简单地归结为行为习惯不正确，或是心理不成熟的表现。心理学家指出，孩子出现这些现象是在表示自己的"另类饥渴"。一些父母可能会想到，孩子或许是在某时或某种环境下感觉孤单和不安，所以会通过像吸奶水的方式获得安全感，这是孩子满足心理需要的一种表现。其实，心理学家弗洛伊德说，孩子吮吸指头和体验性快感有一定的联系。这似乎有点儿让人难以接受，然而这是事实。

三四岁的孩子，通常都有了性意识，虽然儿童的这种性意识的表现形式与成年人完全不同，但是父母看到自己的孩子吮吸手指时好像很开心的样子，就应该明白，如果不对孩子采取正确的导正措施，这些行为很可能会影响孩子心理的健康发展。

孩子这方面的心理需要，与父母平时对孩子的照顾有关。家长平时和孩子的接触较少，孩子的内心就会非常渴望得到大人的搂抱，即便是长大了也喜欢扯着大人的衣襟或者靠着大人，这就是"皮肤饥渴"的表现。总是处于皮肤"饥渴"状态的孩子，他们的性情往往偏于抑郁、孤僻。这样的孩子不仅会出现吮吸手指的现象，还会出现类似爱咬嘴唇或啃指甲的现象，有时甚至还会有自伤行为。因此，消除孩子"皮肤饥渴"的最好方式就是父母的亲吻、抚摸。这就要求父母在平时要多与孩子肌肤接触，只要孩子允许，多亲吻和拥抱孩子，抚摸他们的头、身体，拉着他们的小手一起玩耍，多和他们说话、做游戏，让孩子能够体会到爸爸妈妈对他们的喜欢和关爱。为了让孩子摆脱吮吸手指等不好的习惯，家长可以引导孩子经常使用双手，比如一起拍手唱歌、跳舞、做游戏，让孩子把吮吸手指的注意力转移到别的事情上去。

另外，很多孩子喜欢吮吸手指，不管是在什么场合，都会不知不觉地吮吸，甚至入睡后也会含着手指。这是因为，孩子处在陌生的环境或是单独在一个房间时，他们会感到寂寞和无聊，有时也会感觉恐惧、烦躁，会情绪不稳定，因此常常会通过吮吸手指来镇定自己的情绪，所以父母要帮助孩子做好睡前工作，可以先陪伴他们一会儿，给孩子讲一则睡前小故事，消除孩子的寂寞和烦躁感，让孩子能够伴随着甜蜜的想象安然入睡。如果孩子怕黑，可以给他留一盏小台灯，或是关门时留一丝光线，让孩子能够感觉到安全和满足。当孩子感觉自己是安全的，自然不会缺失安全感，也不会寻找其他的慰藉方式给自己安慰和满足，这就避免了孩子养成吮吸手指的坏习惯。

需要再次提醒家长注意，孩子吮吸手指的这种习惯不是一时半会儿养成的，多半是从小就发展起来的。所以家长要多留心和观察孩子，不要等到孩子养成恶习才开始纠正，一旦发现孩子有坏习惯的苗头，就及时引导纠正，并且要及早重视孩子的心理愿望，满足他们的心理需求，这样孩子才不会轻易患上"心理饥渴"的毛病。

如何导正孩子吮吸手指的坏习惯？

1. 不要嘲笑孩子。发现孩子有吮吸手指的习惯，不要嘲笑孩子，比如说："你都这么大了，怎么不知道讲卫生呢？""这么大的孩子还吃手，羞不羞！"

2. 不要反复强调。孩子有吃手的坏习惯，家长不要一看到就忍不住上前制止，比如说："你看你，怎么又吃手了？""手上是粘上了蜜糖吗？要不给我也尝尝。"孩子还以为大人是故意的，是在开玩笑，和自己做游戏，结果反而会加重习性。

3. 寻找替代物。处在长牙期间的孩子，妈妈可以用乳胶棒来代替；如果是大一些的孩子，家长可以引导孩子经常使用双手，比如一起拍手唱歌、跳舞、做游戏，或是帮助家长做家务活，让孩子的注意力转移到别的事情上去。

4. 培养兴趣爱好。家长可以根据孩子的兴趣特长，让他们有事情可忙，把时间和精力用在学习、钻研上，孩子的内心不感觉寂寞，自然不会寻找安慰方式。

5. 家长要多陪伴孩子。无论家长多忙，每天、每周一定要抽出时间，和孩子一同学习、娱乐、聊天，及时了解孩子的心理需求，帮助他们获得满足，健康地成长。

 ## 及时扑灭不正常的小火苗——消除孩子的心理障碍

据一位妈妈说，前一段时间发现自己的孩子情绪很不稳定，面对学习的内容总是提不起兴趣，还常常出现生闷气、烦躁的情况。妈妈开始时认为孩子可能是由于心情不好，等情绪好转了一切都会好的，也就没有太在意。可是后来，孩子的情况日益严重，常常出现不想上学、一到考试时就特别紧张的情况。妈妈这才意识到孩子可能在心理方面存在一些问题了，于是积极地找孩子谈话，相互分享情绪体验，帮助孩子找到问题所在。经过妈妈的细心导正，这个孩子慢慢地克服了自己的心理障碍，又恢复了原先乐观开朗的样子。

张超是一个七岁的男孩，他各方面都表现良好，尤其是行为习惯方面，常常得到家长、老师的肯定和赞扬。可是最近一段时间，张超染上了一些坏毛病。他特别喜欢玩一个网络游戏，一有时间就打开电脑玩，常常到很晚才去睡觉。刚开始时，张超的表现还是很好的，他能做到劳逸结合，把当天的功课做好了才去玩，可是后来的情况就有些糟糕了，他时常都会表现出心不在焉的样子，功课还没完成就匆匆跑去玩游戏了。家长询问功课时，他还假装一切顺利的样子。等到期末的成绩单公布出来，张超的成绩一落千丈，他的父母这才意识到问题的严重性。

张超的父母和老师达成一致，想着要及时帮孩子端正学习态度，恢复到原来积极健康的状态。可是实施起来并不容易，老师会督促张超在课堂上认真听讲，课后爸爸妈妈都会严格监督张超，让他仔仔细细地完成功课，不得有半点儿马虎。过了一段时间后，张超的学习成绩终于提升了。可是张超看起来好像并不是很快乐，情绪也常常时高时低，变得不爱说话了，爸爸妈妈真不知道该如何是好，不知道孩子的心理究竟出了什么问题？

以上案例中的张超由于沉迷网络游戏而使学习受到了影响。后来张超的学习成绩恢复了，可是他仍旧不开心，情绪时好时坏。这时家长就应该注意，孩子的不爱学习只是表面现象，实际上孩子内心受到的创伤才是大问题，他可能出现一定程度的心理障碍了。

这一点儿也不夸张，伴随着学习压力的增加，孩子自由玩耍的时间被占据了，因此他们常常容易情绪不高，学习时只能被动地接受知识的灌输，这样的学习方式对孩子来说并不是愉快的事情。孩子的情绪就像一个储蓄罐，等到负能量积累到一定程度时，就会"爆炸"。孩子们可能会寻找到一个情绪发泄的出口，正如案例中的张超一样，他用打游戏的方式来释放自己的压力和不满。而这时如果家长不以为然，纵容孩子的坏习惯，他们就会一点点被坏习惯吞噬掉。但是，如果家长只是发现外表的现象，采取措施导正孩子的坏习惯，没能意识到在孩子心里面产生的病症，也只能"治标不治本"了。

想要了解孩子的内心在思考什么，我们先要设身处地地站在孩子的角度思考。孩子在面对繁重的学习，尤其是学习方法不正确的时候，会产生厌烦情感，这时候孩子的学习能力会急剧下降，他们对周围的一切事情都怀有排斥和厌恶的情绪，所以就对学习形成了很大的障碍。如果孩子对所学习的内容不感兴趣，他们就不想去学校，甚至在上学前和上学时，出现紧张、恐惧的心理，有的孩子还会拒绝上学。另外，有些孩子在考试前或考试时，也会出现极度紧张的情况，注意力不能集中，以致思维迟钝，导致考试失败。

我们知道，七岁的孩子往往抗压能力还非常有限，他们不能像成年人那样，很好地处理好自己的焦躁情绪，所以很容易就会造成一定程度的心理障碍。这时就需要家长的帮助，需要家长及时发现孩子不正常行为背后所隐藏的秘密，引导孩子克服内心中的不良情绪，向着积极健康、正确的方向前进。

家长在发现孩子的不健康心理后，要果断地采取措施，让孩子意识到自身存在的问题，并且能够主动地、自发地纠正不好行为和克服不良心理，不要让不良的情绪积累成心理障碍。仍拿上述案例来说，家长在发现孩子有沉迷于打游戏的情况时，就要引起注意了，孩子不会无缘无故地产生恶习，他们一定是因为内心感觉空虚，或者处在压力状态无法释放，才会选择某种宣泄方式来缓解自己的情绪。如果家长这时候能够意识到这些，找时间跟孩子聊一聊最近的学习状况、情绪变化等，让孩子能够通过诉说的方式，把内心的紧张感和压迫感释放出来，孩子就能继续把注意力放在学习上，寻找更好的方法投入到学习中去了。

为了更好地帮助孩子，建议家长在平时常和孩子沟通交流，比如每周固定一个时间，家长和孩子开一个小型的家庭会议，让孩子能够了解父母的安排和计划，父母也能及时了解到孩子的心理动态和想法，以及其他方面的发展变化，这样不仅有利于家长和孩子的情感建立，而且能够有效地避免孩子因为产生了心理问题却得不到疏导而引起更大的麻烦。

孩子还可能存在什么样的心理障碍？

心理障碍	不健康心理的表现和结果
自高自大心理	孩子的学习成绩优异，常常能够得到老师、同学和家长的表扬。在学习的过程中非常顺利，很少遭遇坎坷、挫折。孩子有时会目空一切，骄傲虚荣。这种自高自大的心理使他们总是过高估计自己的能力，因而如果偶尔遇到几次考试失败就会情绪沮丧，从原先的自我欣赏、自我陶醉转化为自我怀疑、自我怨恨。
焦虑恐惧心理	从表面上看，孩子总是处在被褒扬、被欣赏的位置。但是，孩子在激烈的学业竞争中，大都有较高的目标定位，当孩子的预期目标未能实现时，他们强烈的自尊心便会受到伤害。他们担心被人瞧不起，害怕考试名次再往下跌，以致造成人际交往障碍和应试能力下降。
嫉妒敌视心理	无论是在家庭还是在学校，孩子总是想方设法地维持"唯我独尊"的形象，很难容忍其他竞争对手"第一"。他们对竞争对手的长处、优势和荣誉多有不满情绪，容易走极端，因嫉妒心理而产生厌恶他人、憎恨他人的情绪。
闭锁排他心理	常常自视清高，很少与其他同学沟通。这种闭锁心理往往使他们和其他同学的人际交往关系紧张，久而久之就会产生强烈的孤独感，并且会出现越孤独越排他的恶性循环，使得行为更加怪癖和偏执，形成严重的人格缺陷，影响孩子的成长进步。

可笑的异食癖：孩子的不安全感在增强

相信家长见到过这样的现象，孩子不爱吃饭，挑食，爸爸妈妈追着赶着喂孩子，可孩子就是不愿意吃。可当过了饭点时，孩子又会看到什么吃什么，比如抓起散落在桌子上的零食、被翻乱的书本或是报纸就咬，甚至一边玩泥沙一边用嘴巴舔……孩子的爸爸妈妈震惊了——孩子这是怎么啦？难道他来自外星球，不喜欢吃饭反而喜欢吃这些非营养的物质？

杰西卡是一位来自英国的小女孩，她在年满四岁的时候，曾经出现过一个奇怪的病症——异食症。据说她吃地毯、衬垫等家具成瘾，常常趁家长不注意时偷偷把这些东西放到嘴巴里面咀嚼。她不仅吃座位上的海绵，就连妹妹的摇摆木马都不放过。

看到以上这个案例，你可能觉得有些骇人听闻，或者质疑案例的真实性。然而，这是真实的事情，的确存在一种叫作"异食症"的病症。专家称，异食症是由于人体的代谢机能紊乱、味觉异常和饮食管理不当等引起的一种非常复杂的多种疾病的综合征。患有这种病症的人可能会持续性地咬一些非营养的物质，如泥土、纸片、污物等。

小磊是一个三岁的小男孩，他平时特别淘气，爸爸妈妈也比较娇惯他。每天，妈妈都会做很多好吃的食物给小磊，小磊每次都吃得很饱，爸爸妈妈非常满意，还常常对人家说："我家小磊特别乖，每顿都吃得津津有味，身体肯定能长得非常棒！"可是事情并没有像爸爸妈妈想象的那样顺利，过了一段时间后，小磊出现了挑食的毛病。每次如果妈妈做了小磊喜欢吃的食物，小磊就能全部吃光，可是遇到小磊不爱吃的，他就一口也不吃。爸爸妈妈担心孩子只吃自己爱吃的，会营养不均衡，只好一前一后追着孩子跑，哄着孩子吃饭："宝贝，就吃一口……"可是，小磊的情况还是不见好转。爸爸妈妈没办法，只好暂时作罢，想着等过一段时间就会好了。

可是过了一段时间，妈妈意外地发现，小磊不仅不爱吃饭，有时独自一个人玩耍的时候，趁人稍不注意就会抓起手边的东西往嘴巴里塞，有时是纸片、毛绒玩具，有时是公园里面的花草或者泥巴。每次妈妈看见，都忍不住责备小磊："你看你这个孩子，给你吃饭的时候不好好吃，现在饿了吧……"开始的时候妈妈还没有太在意，可是后来越发觉得不对劲，孩子就是在饱的情况下也会有相同的举动。这下吓坏了爸爸妈妈，他们立即带孩子到医院就诊。医生说孩子可能有一些轻微的异食症，提醒他们除了要纠正孩子不健康的饮食习惯以外，还要注意多陪伴孩子，不要让孩子单独待的时间太长，这样容易让孩子感觉到孤单和不安。因为导致异食症发生的其中一个原因就是孩子内心的不安全感。

根据以上案例，我们可以知道，孩子患上异食症与他们自身的身体健康状况有很大的关系，因为生理因素是导致异食症的主要原因。如果孩子的体内缺乏某种元素，或者是发生了一些病变，造成味觉异常，那么他的饮食就会受到影响，时间久了就可能会导致新陈代谢紊乱，使得身体健康受到影响，因而患上了异食症。所以，家长要密切关注孩子的身体健康状况，定时带孩子去体检。

过去人们一直以为，异食症主要是因为孩子的体内缺乏锌、铁等微量元素引起的，所以常常会给孩子额外地补充一些微量元素，这是允许的。但是家长一定要注意，每个孩子的身体状况是不同的，缺乏的微量元素也不同，有的孩子可能是缺锌，有的孩子可能缺钙并不缺锌，所以家长一定是要在给孩子做了科学的身体检查，并且咨询过医师后再进行，否则很容易发生错补的情况。要知道微量元素超标对孩子的身体健康同样也是不利的。

但是，很多人可能并不太了解，异食症还可能是由于心理因素引起的。这一论断目前已经得到越来越多的医生认可。如果真的是这样的话，那么家长有不可推卸的责任。如果家长不能给孩子提供及时、适当的关心和照顾，孩子感觉到孤单和不安全感，就会产生一些心理失常的强迫行为。这些异常行为多发生在一岁半至六岁之间的小孩身上，幼小的孩子还不能辨别什么是可以吃的什么是不能吃的，只要看到东西就会往嘴里放，这时，如果家长对孩子的照顾不到位，不能及时发现并制止孩子的不良举止，任其发展孩子便会养成坏习惯。如果是大一些的孩子，他们已经具备了一定的情感认知，但是爸爸妈妈经常不在身边，或者常常让孩子独自玩耍，孩子内心缺乏安全感的保护，心理压力也会剧增，这时候孩子就会产生一些强迫行为，比如通过吮吸手指、把东西往嘴巴里面放、吃东西等来缓解紧张感。如果孩子长期处在这样的环境中，他们慢慢就会对这些补偿行为形成依赖，久而久之就养成了恶习。所以，家长一定要重视对孩子的日常照料，尤其要重视孩子心理的需求和成长，千万不要让孩子因为感觉到孤单和不安，而引发厌食、异食等怪癖。

家长应该多花点时间陪伴孩子，首先让孩子养成健康的饮食习惯，保证身体健康。如果孩子有厌食或挑食的毛病，千万不要追着喊着让孩子吃饭，而是要想办法让孩子对食物感兴趣，让孩子主动、自发地对食物产生欲望。其次，家长对孩子细致耐心的照顾是驱赶孩子不安全感的最好方法，尤其要注意，当孩子在哭闹、悲伤，或内心的不安全感剧增的时候，不要强迫孩子吃饭，这样反而会起到不好的效果。如果遇到这样的情况，父母可以先把食物拿走，等孩子冷静下来，感到饥饿时再给他吃。

给孩子一个坏情绪的宣泄口，避免健康心理"决堤"

常听家长说，孩子在产生不良的情绪时，常常会选择一些极端的方式来发泄，比如打人、骂人，有时也会哭闹、撒泼，甚至还会用伤害自己的方法来宣泄不满。

洋洋是一个五岁的小男孩，前几天他患了感冒，医生特意嘱咐家长，不能给孩子吃生、冷的食物。这天，洋洋忽然说想要吃冰激凌，于是就央求妈妈道："妈妈，我想吃冰激凌，你要是答应给我买，我就保证下次一定乖乖听医生的话，流汗的时候不脱衣服，也就不会感冒了。"妈妈听到孩子提出不合理的要求，回答道："你记住了医生的话，非常好。但是医生还嘱咐妈妈，生病期间不能吃冷的食物，难道这个就不听医生的话了吗？"洋洋见妈妈不同意，还是死缠烂打，各种撒娇、保证，但是妈妈态度坚决，洋洋生气地挥着小拳头打妈妈，边打还边嚷嚷："打死你，就不听你的话。"

朵朵是个内向的小姑娘，她不喜欢说话，看到小朋友时也会很想和他们一起玩，可是又不知道该怎样表达自己，于是只能躲在角落偷偷看小朋友们玩耍。朵朵有时还很固执，一旦自己决定了的事情，就很难悔改，即便是爸爸妈妈劝也无济于事。有一次，朵朵遇到一件令她很不高兴的事，她很生气，可是又不愿意表现出来，她就狠狠地咬自己的手。后来妈妈发现朵朵的小手上留下一个个的小牙印，还以为是有别的小朋友欺负她，结果询问了好几遍后，朵朵才承认是自己咬的。这让妈妈心疼极了，同时又非常担心，孩子这样的性格和不正确的情绪表达，以后恐怕会发生更加糟糕的事情。

在第一个案例中，洋洋用打人的方式来发泄自己的不满，而第二个案例中的朵朵则是用伤害自己的方式来宣泄糟糕的情绪。攻击他人和伤害自己这两种宣泄方式都是不正确的，尤其对于孩子来说，如果用错误的宣泄方式表达情绪，会对他们的身心发展造成极其不利的影响。所以，家长应该在孩子很小的时候，就有意识地让孩子学会用正确的方式发泄不良情绪，保证孩子的身心健康。

我们知道，每个孩子都会在不同的时间不同的场合下产生很多不同的情绪状态，比如喜悦、恐惧、悲哀、愤怒等。通常，孩子处在高兴、愉悦等积极的情绪状态时，普遍都能够用比较正确的方式表达出来，比如微笑、喝彩等；但是在面对恐惧、悲哀，尤其是愤怒等消极情绪时，很多孩子常常不能选择正确的方式表达，这种情况对于偏内向的孩子特别明显。孩子在遇到这些情况时，往往会用最糟糕的方式来宣泄和表达，比如打人、骂人，哭闹、撒泼，甚至是自我伤害，这是出于人性本能的方法，不利于孩子自我控制能力的提高，对孩子个人行为习惯、性格等方面的发展也会造成阻碍。

孩子相比大人而言，他们的自我控制能力比较弱，往往不能运用理智去控制自己的不良情绪，一旦内心产生负面的情绪，就会当场发泄出来。虽然孩子的情绪得到了暂时的缓解，但是此时如果家长不注意管教孩子，每次都任由孩子这样做，孩子慢慢就会养成不好的习惯，心情不好的时候就会不分时间不分场合地吵闹，不仅给他人留下不好的印象，也有损家长的形象。

因此，在孩子成长到三岁以后，家长一旦遇到孩子乱发脾气，不分是非缘由地通过哭闹、喊叫或者是打骂他人的方式发泄情绪时，就要及时地管教孩子。比如先带孩子离开当时的场所，让孩子在一个相对安静的环境下尽情地发泄情绪，可以采用让孩子尽情地哭泣、呐喊、奔跑、打滚等方式来发泄。等孩子的情绪恢复稳定后，及时让孩子意识到自己的不佳表现，最后再教给孩子用理智的方法来控制自己的不良情绪。比如当坏情绪产生时，要深呼吸，在心里默念"我不冲动"等，让孩子能够有时间思考后果，这样就能有效地避免孩子爆发不良情绪时，采取不恰当甚至错误的方法进行发泄。

总之，家长要允许孩子通过正确的方式发泄不良情绪，让孩子的坏情绪找到一个正确的宣泄通道，避免健康心理"决堤"。

帮助孩子发泄不良情绪的小妙招

一般来讲，五岁以上的孩子已具有一定的自控能力，家长应教孩子学会正确的情绪发泄方式。

1. 带孩子奔跑。室内室外都可以，对于好动、爱摔东西的孩子，奔跑能让他们消耗体力，宣泄不良情绪。

2. 提供呐喊的场所。对喜欢大喊大叫的孩子，可以找个安静的、不影响他人的地方，让他大声呐喊，更衣室、郊外郊游的小帐篷中都可以。

3. 尽情撕纸。找些废报纸或者卫生纸，让孩子痛痛快快地撕一会儿，情绪释放后，再和孩子交流。

4. 做鬼脸。可找来照相机或摄像机，让孩子对着镜头做鬼脸，记录他们的不满。

5. 在干净、安全的地方打滚。在床上、草坪上打几个滚，能舒缓孩子压抑的情绪。但一定要强调场合，避免孩子在公共场所因负面情绪而满地打滚。

需要注意的是，如果孩子经常用哭闹的方式解决问题，而家长认为他的要求确实不合理时，就应冷静处理，不要因哭闹而满足他的要求。否则，孩子会把哭闹作为解决问题的方法，助长其不良情绪和坏习惯。

Part 08
好家长也是好导师，纠正孩子的习惯性抗拒

 孩子内心的抗拒声音，家长们有耐心倾听吗？

　　家长常常抱怨，孩子总是喜欢和大人作对，家长让他们做什么，他们偏不做；家长不让做什么，他们就故意做。有时家长想要孩子能够乖乖听话，按照自己的安排做事，可是孩子会各种反抗，就是不愿意配合家长的安排。有时家长希望孩子能够培养起好的习惯，可是孩子总是吊儿郎当，不把遵守纪律、讲卫生等事情放在心上。家长感到很纳闷，孩子的脑袋里面究竟在想什么，为什么孩子非但听不进去家长的苦口婆心，还总是要反抗？难道孩子是想要表达什么意愿吗？

　　宗宗是一个性格很倔强的孩子。他很小的时候，和爸爸妈妈说话时总是喜欢把"不"字挂在嘴边。比如到了睡觉时间，妈妈说："我们赶快去洗澡睡觉吧！"宗宗别别扭扭地说："不！不要！"无论妈妈怎么劝，宗

宗还是使劲地摇头，表示拒绝，妈妈只好作罢。可是不到一会儿工夫，宗宗不知不觉就睡着了。可见，在妈妈跟他说话时，他已经有了睡意，只是不肯乖乖听话，按照妈妈的指示来，似乎是在表达——"不要听你的，我自己知道要洗澡睡觉了，如果你再继续唠叨，我就发怒了！"

和爸爸说话时也是这样，他总是喜欢说反话。有一次，爸爸和宗宗坐在书桌前一起看书学习，爸爸指着书上的图片问宗宗："你知道这个是什么水果吗？"宗宗很聪明，他知道图片上画的是榴梿，可是他偏不直接回答爸爸的提问，还故意说："爸爸，这你都不知道吗？这是榴梿。"爸爸觉得很尴尬，又问："这个水果气味有些难闻，对不对？"宗宗回答："对呀，臭臭的。你知道还问我……"爸爸很无语。

等到宗宗再长大一些，他变得乖巧听话了很多，不总是和爸爸妈妈唱反调了。可是当他升入中学后，情况又发生变化。这时的宗宗正值青春叛逆期，总是喜欢穿怪异的衣服，装酷耍帅。爸爸妈妈劝他多把心思放在学习上，可他却丝毫听不进去，有时还跟家长顶嘴。爸爸妈妈理解孩子处在叛逆期，不太好管教也是正常的，可是作为家长，还是很希望了解孩子心里的想法，和他能够无话不谈。

孩子到三岁以后，自我意识开始萌芽，他们常常会表现出不听话、与大人对着干、说反话的现象，这是因为孩子进入了自我意识的"第一抗逆期"。这个时候的孩子最突出的表现就是好奇心强，有了自主的意愿，喜欢自己的事情自己做，不希望别人干涉自己的行动，一旦遭到大人的反对和制止，就容易激发他们的抗逆心理，做出说反话、不听话，甚至顶嘴、忤逆大人的行动。这是儿童心理发展的必经阶段，一般会持续半年到一年以上，属于正常的成长发展阶段，所以家长不需要过分忧虑，顺应孩子的发展即可。

面对处在"第一抗逆期"的孩子，家长一定要知道，孩子这个时候已经逐渐开始有了自己的意识，他知道自己具有影响周围人和环境的力量，所以他们常常会尝试运用这样的力量。比如说家长不让干这干那，这个时候孩子并不会去想爸爸妈妈的话是对的，是为了自己好，他们只会注意到自己可以按照自我的意愿来做事情。通过尝试，他们能够知道怎样做会引起爸爸妈妈强烈的反应，他们喜欢看到这样的效果，因为这代表自己的行为起到了作用。于是他们就会想方设法地制造"麻烦"，激起大人的巨大反应。这种意识萌发是孩子心理发展的一次飞跃，他们能够在不断的实践过程中锻炼自己，培养起独特的性格。这时，如果爸爸妈妈总是想要让孩子听从自己的意愿和安排，把孩子打造成为一个"乖宝宝"，那么孩子的内心很可能就会产生巨大的落差。他们会慢慢习惯大人的摆布，变得唯命是从，独立性和自信心也会受到打击。所以，当孩子处在"第一抗逆期"的时候，家长可以尝试让孩子听从自己的心愿去做事；当孩子跟家长说反话、对着干的时候，家长不要生气发火，给孩子一些适当的情绪反应，以实现他们自我意愿的满足。

家长还应知道，三岁左右的孩子在行动能力方面已经有了较大的发展。他们的身体活动能力很强，所以总是想要去探索发现。家长常常就会看到孩子喜欢东摸摸、西靠靠。随着活动范围的扩大，他们还会不断地去尝试完成新的事情。这是孩子发展行动能力、通过外部世界探索认知的过程，他们希望自己能够去亲身体验，不希望受到爸爸妈妈或其他人的干涉和打扰。这个时候，家长只需要在一旁默默观察，让孩子自由地探索，满足他们的求知欲望即可。

孩子进入青春期，就会进入特殊的心理发育阶段，这个时期他们都会表现出叛逆的特点。因为孩子个体发展的情况不同，所以"第二抗逆期"可能出现在小学阶段、初中阶段，也可能延迟到高中阶段。这都是正常的。这段时期是孩子生理和心理发展急剧变化的时期，他们的自我意识特别强烈，对父母的管教、喋喋不休深为反感，甚至会在行为上发生反抗，比如顶嘴、吵架、离家出走等。但这个时候他们的价值观念和认知还不成熟，问题一旦发生，造成的后果往往比较严重，家长应当提高警惕。

"第二抗逆期"产生的原因是孩子对自我的发展认识超前，而父母对他们的发展认知滞后。换句话说就是，孩子总认为自己已经长大了，忽视了困难的严重性；而父母却总是认为孩子还小，不信任孩子的能力。在这样的矛盾冲突下，孩子不理解父母，认为父母的观念很陈旧，对自己束手束脚，所以总是想极力摆脱；而父母也总是抱怨孩子，不懂得家长的一片苦心。因而，在双方僵持不下的"战役"中，家长和孩子都备受煎熬。

其实，青春期孩子产生的对自我的超前认识，源于他们在这段时间快速成长的身体，使他们产生了"成人感"。然而此时，知识、经验、能力方面并没有完全成熟，所以家长还是要做好保护孩子的工作。不过保护方式应该有所调整，不能再用以前保护小孩子那样的方式，而是应该用对待大人的方式给孩子保护。这样孩子才更容易接受，不至于造成成人和孩子之间的矛盾。实际上，青春期的孩子表面上看起来很坚强，但这段时期的他们比任何时候都要脆弱。他们需要家长的鼓励和支持，家长要做好孩子坚强的后盾，让孩子的心理获得安全感。这才是伴随孩子顺利度过青春期的法宝。

无论孩子处在"第一抗逆期"还是"第二抗逆期"，每位家长都要学会听懂孩子内心的声音，懂得如何应对孩子成长中不可避免的反抗心理，争取成为孩子的知心朋友。

 满足孩子的表达欲望，包容他一次次的打断

一位妈妈抱怨道："家里有个爱说话的孩子，简直就像多了一台高分贝的复读机，从早到晚说个没完没了。"有时候大人觉得孩子爱说话非常可爱，可有的时候大人很忙，孩子还是不分时间、不分场合地说个没完，

难免让人觉得心烦，尤其是在别人讲话时，他还会故意打断，常常会让
人觉得很没礼貌。孩子为什么会有如此强烈的表达欲望呢？

　　小丽是个活泼开朗的孩子，还长着一张巧嘴。从小爸爸妈妈就很娇
惯她，她也经常能够得到大家的表扬，这样孩子的表现欲望就更加强烈
了，不仅喜欢表现自己，还总是爱喋喋不休。小丽喜欢和妈妈对话，可
总是讲到一半就忘了，常常结束了一个话题后，忽然想起自己刚才想说
的话，又补充道："等一下，我想起来了……"因此常常无意中打断别人
的说话。

　　有时候妈妈就担心小丽是不是变成了话痨，在感到特别烦的时候就
会吓唬小丽："你再这样说个没完，以后就不会说话了！"小丽一听不能
说话了，赶紧有所收敛，可是还是忍不住好奇地问："妈妈，为什么不能
说话了，这是真的吗？我该这么办呢？"这样做的结果就是孩子想要问的
问题更多了。小丽识破了妈妈的谎言后，非但没有改掉之前的习惯，反
而更随心所欲地讲个没完没了了。妈妈也实在没有办法了。

　　看到小丽的表现，妈妈担心孩子是不是有什么心理问题，于是就带
孩子去看医生。来到诊疗室，医生和孩子开始对话，小丽仍然不停地说
着。在小丽说话的时候，医生一句话也不说，只耐心地倾听，等孩子把
话说完了，医生才做回应。一会儿之后，小丽不再是不管他人的反应，
喋喋不休地讲话，而是能很好地配合医生，一句一句地回答提出的问题。
经过这次和医生的对话，妈妈知道小丽其实并不是像一个话痨一样说个
没完，只是自己没有掌握好正确地和孩子交谈的方式，尤其在看到孩子
不停地说话时会感到特别烦躁，孩子这个时候就更想要表达好自己，于
是就陷入了语言表达循环中。之后，爸爸妈妈都吸取了经验，耐心地听
孩子讲话，理智地应答孩子，果然现在的小丽已经改掉了说话没完没了
的毛病。

通过这个案例，我们可以看到，孩子的表达欲望很强，是以自我为中心的表现。通常，这样的孩子从小就被爸爸妈妈娇惯着，能够没有限制地表达自己的愿望和想法，并且他们的愿望能够很快得到满足。在这样的情况下，孩子就失去了很多锻炼自己的机会，他们常常忽视对周围的人和环境进行观察，时间久了，孩子就会陷入固定的行为模式中。自己想要做的事马上就要做到，而且很难意识到在自我之外还有一个另外的世界，这就容易让他们养成时刻想要表达自己，却不顾周围人反应的不良习惯。所以家长要注意不要总是骄纵孩子，要让孩子知道虽然每个人都有发言的权利，但要遵守规定，轮流发言，等轮到自己发言的时候才能说话。同时，在别人讲话的时候一定要注意倾听，这不仅是礼貌问题，也是锻炼自己的机会。孩子有好主意，想要表述自己的观点时，一定要征得他人的同意才能说话。

孩子的记忆力和耐心都很有限，尽管父母有时也会因为生气告诉他们不要无休止地说话，可是孩子很快就会忘记父母的话，继续通过说话来满足自己的表达欲望。同样，孩子的自控能力不强，即便能够记住家长的劝告，当他们想要说话的时候，又会忍不住。这时孩子就会被迫"明知故犯"，当他们发现爸爸妈妈的劝告并不会产生多大的作用时，劝告自然也就左耳朵进右耳朵出了。

面对这种情况，家长需要有意识地锻炼孩子的自我控制能力。比如孩子在非常激动、想要表达自己的想法时，父母可以用手指碰碰他们的嘴唇，暗示他们等情绪平复下来之后再说话。或者是在别人还说话的时候，父母可以在事前和孩子约定好，想要说话时可以举手或是握住家长的手，得到允许之后才能发言。有的时候，孩子在等待的时间内，可能把要说的话忘记了。这也没有关系，父母只要告诉他们，如果想起来了，再来告诉自己。

当孩子插话时，家长常常会说"等一会儿"，但是孩子并不能够理解"一会儿是多长时间"，尤其是年幼的孩子，他们的时间概念不强，还分不清10分钟、20分钟和1小时的区别。所以很多时候，在孩子眼里，等5分钟就像让成人等2个小时一样长。这个时候，家长就可以采取以下这些小技巧：如果父母要打的电话需要10分钟的时间，那么父母可以预先为孩子计划15分钟可以做的活动，也可以让孩子选择自己在这15分钟希望做的事情。比如，家长可以问孩子："妈妈打电话时，你想看书还是玩游戏？"并在闹钟上设定15分钟，告诉孩子在闹钟响之前，不要打搅父母。

总之，当孩子想要表达想法的时候，家长千万不要阻拦他们，约束他们的表达欲望。可以让孩子畅所欲言，等他们一次性把想要说的话都讲完，家长再去应答，这样孩子就不会因为还没有说清楚而出现断断续续补充、打断别人说话的情况。在孩子说话的过程中，家长要全力地倾听孩子所要表达的内容。因为孩子有时候表达不清楚，内心的想法不能讲明白，他们自己也会感到很焦急，这时家长不要急躁冲动，更不要不理解孩子，认为这是孩子任性的表现，要多一些耐心，多给孩子一些时间让他们从容地表达。当然，家长在平时和孩子一起学习的时候，要注意丰富孩子的语言，锻炼孩子的逻辑能力和语言表达能力。孩子通过不断地摸索和尝试，慢慢就能组织好语言顺序，更好地表达自己想要说的话了，自然也就不会轻易犯打断别人说话了。

父母如何让孩子别打断别人说话？

对于学龄儿童和年龄比较大的孩子来说，父母常常让孩子学会等谈话停顿时，或者内容告一段落时才插话。这比让幼儿仅仅等到成人说完一句话之后再打断成人说话更难。因为这需要孩子理解成人谈话的内容，抓住合适的停顿时机。在日常交谈时，父母可以通过向孩子指出什么是谈话告一段落来培养孩子和人交谈的技巧。

1. 预先准备，事先安排任务。

许多父母常常会准备几个孩子喜欢玩但平时不能让他们玩的玩具或

游戏。如果有重要的朋友来访，或者和朋友打电话时，他们就把这些玩具拿出来给孩子玩。由于这些玩具孩子不经常玩，他们就更愿意独自一个人花更长的时间玩这些玩具。当然，当打完电话，或者客人走了之后，父母一定会重新把这些玩具和游戏藏好，这样孩子就会盼望下次可以玩这些玩具的时间和机会。否则，孩子就会失去对它们的兴趣了。

2. 有言在先，讲明要求。

父母常常在朋友来访之前告诉孩子，让他们不要插嘴或打断大人的谈话。父母告诉孩子："一会儿妈妈的同事要来，我们有很重要的事交谈，请你不要打断我们说话。你可以拿出你的画笔作画，或者搭你喜欢的拼图。妈妈的同事走了之后，我会和你一起玩。"

3. 和孩子约定一个"秘密手语"。

父母在孩子心平气和的情况下，和孩子约定一个"秘密手语"。比如，告诉孩子如果我在和人交谈，你要和我说话，你可以抓住我的手心，表示你需要得到妈妈的关注，或者有话要和妈妈说。妈妈会握住你的手，让你明白我知道了你的要求。等我说完那句话之后，我会马上和你说话。父母可以和孩子一起练习几次，让孩子掌握"秘密手语"的沟通方法。

4. 教给孩子正确的社交技巧。

在平时的生活中，父母要让孩子明白：讲话也要轮流。在与别人交谈时，要看着对方的眼睛，认真倾听他们说话。在别人说完话之后，才轮到自己说话。这样才是礼貌的行为。因此，别人说话时，不能轻易打断别人的话题，因为这是不尊重说话人的表现。孩子必须知道，只有等到他人结束了讲话，轮到自己时才能表达观点。此外，父母还要让孩子明白，如果需要引起成年人的注意，想和他们说话时，可以说："对不起，我现在可以陈述我的一些观点吗？"或者："对不起，我想问妈妈一个问题。"

私人空间被侵犯，孩子定然拒绝讲道理

我们遇到过这样的情况：一群小朋友在争抢玩具，突然一个孩子声嘶力竭地喊道："不许碰，这是我的!"如果孩子们还不住手，那么这个孩子就会去报告家长或是采取"武力"解决。当孩子再长大一些，有了自己的小秘密，养成了记日记的习惯，家长为了了解孩子的心理动态，常常会不经过允许私自翻开孩子的日记本，当这一行为暴露时，孩子就会异常气愤地喊话："这是属于我的秘密，你们不讲道理……"

郑家有两个男孩子，哥哥大宇非常细心，有收集邮票、漫画卡的爱好。经过好多年的积攒，大宇收集了很多经典的漫画卡，他非常爱惜，并把这些漫画卡精致地保存了起来。可是不幸的事情发生了，有一天哥哥不在家，年幼的弟弟小宇趁妈妈不注意，偷偷溜到了哥哥的房间玩耍，结果发现了哥哥的宝贝。小宇还不太懂事，就随意地取来玩耍，还用剪刀剪坏了好几张。哥哥回到家后，发现自己收藏多年的漫画卡被毁坏了，心痛不已，于是向妈妈报告，不料妈妈却说："你弟弟还不懂事，剪坏几张也没有太大的关系，哥哥本来就要让着弟弟，何况还是我的钱买来的。"哥哥听了，委屈得流下眼泪，趁妈妈不留意，打了弟弟几下，把弟弟弄哭了。结果妈妈再去批评大宇时，大宇拒绝和妈妈讲道理："是弟弟有错在先，妈妈也不讲道理，现在妈妈没有资格批评我……"

在这个案例中，大宇的私有物品被毁坏，本想找妈妈评理主持公道，不料这位妈妈非但没有满足孩子的要求，反而用哥哥就该让着弟弟的理由为弟弟犯的错辩驳，这就让哥哥大宇感觉受到了不公正的待遇，于是伺机采取报复，其后还拒绝讲道理。其实，妈妈在这件事情中应当负主

要责任，她没有做好保护孩子应有权益的工作，还给孩子做了错误的示范，这就导致事情向着不好的方向发展了。

如果父母采用了不好的教育方式，不管是非对错，凡事都要年长的孩子让着年幼的弟妹，年幼的弟妹就会误以为他们可以随意把兄姐的东西据为己有，以后也很难会尊重别人的私有权，甚至对其他人的东西也采用同样的态度。倘若遭到拒绝，就会哭闹不已，这种习惯一旦养成要改变过来就不容易了。这样做对年长的孩子也十分不公平，自己拥有的东西，父母可以随便拿来给其他人享用，自己私有的财产被毁坏了也得不到应有的保护，以后他们也会随意侵占别人的东西，不懂得尊重他人和珍惜物品。

很多父母都会犯这样的毛病，他们的传统观念比较强，尤其是面对两个孩子时，父母一旦给孩子做出了错误的示范，孩子的认知就会发生偏差。这可能导致孩子不仅不懂得要尊重他人的私有权，也不太清楚自己拥有什么样的权力。当他们遭遇到不好的情况时，也不知道该如何保护自己。所以说，爸爸妈妈的教育非常关键，他们的教育方法给孩子带来的影响是一生的。家长必须要掌握正确的培养孩子的方式，尤其是要做好让孩子清楚地认知到自己的哪些权益是可以得到保护的。只有这样，孩子才能培养起好的品行和习惯，树立起正确的人生观和价值观。

父母首先要懂得尊重他人的私有空间和私有物品。在平时的生活中，爸爸妈妈要给孩子做好示范，比如爸爸要使用孩子的东西，要事先征得孩子的同意。这样无形中就是在告诉孩子，哪些东西是属于自己的，自己对它们拥有保护和支配的权力。孩子的模仿能力很强，他们以后在使用别人的东西时，也会先征求别人的同意，而不是随意地占为己有。孩子可能刚开始的时候并不知道其中的道理，但是随着慢慢长大，自然就懂得了。这时，孩子也已经养成了好的习惯，一举两得。另外，家长还要告诉孩子，如果自己的权益遭到了侵占，一定要敢于站出来出声，保护自己。

除了尊重孩子私有空间和私有物品的权利，家长也要教会孩子爱护自己的东西。若要孩子借出他们的拥有物，必须保证原物奉还，不能弄坏。同样地，当孩子借用他人物品时，家长也要教导他小心使用，一旦弄坏了，要负责赔偿或修理妥当，确保一定物归原主。如果孩子自小养成这种态度，就不必再担心他们会擅取别人物品，或有偷盗的行为了。当然，也要让孩子学会把自己所拥有的东西拿出来与别人分享。家长可以事先和孩子沟通，讨论一下大家一起玩的好处，让他们自愿与其他人一起玩，分享自己的东西。父母尊重孩子的拥有权，才能教导孩子也尊重别人的私有权。保护孩子的权利，也就等于培养他们如何尊重别人的权利。

其次，父母不要觉得自己辛苦抚养孩子，就可以打着"一切都是为了孩子好"的旗帜，随意侵占孩子的一切，比如对孩子个人秘密的侵犯。当孩子的自主意识萌生后，他们会有各种各样的小秘密，尤其是孩子进入青春期后，更加重视自己的隐私。这个时候，家长常常会犯错，采用各种不正当的方法探知孩子的秘密和隐私，这样的行为一旦暴露，孩子的内心不仅会受到很大的冲击，失去安全感，而且对父母的信任程度也会大打折扣。以后，孩子也不会乐意和爸爸妈妈讲道理，父母再想通过自己的权威教育孩子，就变得很艰难了。所以家长不仅要尊重孩子私有空间和私有物品的权利，更应当尊重孩子个人的秘密和隐私，让孩子能够享有被尊重的权利。

遇到这些情况，你会怎么做？

1. 孩子最喜欢的玩具被别的小朋友损坏了，你会说？

   A. "不要难过了，妈妈再给你买个新的就是了。"

   B. "我们去找他的家长评理，让他赔我们！"

   你的想法是：

2. 孩子把自己的秘密告诉了妈妈，而爸爸也想知道，你会？

A. 保护孩子的秘密，让爸爸去问孩子。

B. 告诉爸爸，但让爸爸保守秘密。

你的想法是：

3. 孩子想要把自己的零花钱用来买礼物，你会？

　　A. 允许，鼓励并支持孩子的行动。

　　B. 制止，给孩子制订了更好的计划。

　　你的想法是：

4. 孩子没有经过家长的允许，就把自己的一件价格不菲的礼物送给了同学，这时你会？

　　A. 刨根问底弄个明白，指责孩子下次一定要先问家长。

　　B. 允许孩子这样做，并认真听听孩子的想法。

　　你的想法是：

5. 大宝不小心把小宝的水壶打坏了，你会？

　　A. 让大宝道歉，并提醒孩子下次注意。

　　B. 用大宝的零用钱替小宝买一个新的。

　　你的想法是：

 ## 做善解人意的好家长，尊重孩子的私密习惯

　　人们常说"孩子的到来是送给爸爸妈妈最好的礼物"，也有人说"善解人意的妈妈就是孩子的天使"。一个细心周到的好家长，往往能注意到孩子很多不同寻常的小细节，也总是能提供给他们最好的帮助。孩子在爸爸妈妈的悉心照料下，健康、顺利地成长着……

　　菲菲今年五岁了，她从小就养成了一个习惯，就是一到睡觉的时候就会把自己特别喜欢的那只毛绒小白兔摆放在床头，好像这样就能感觉

到很安全一样。如果是离开家里，到爷爷奶奶家去住，没有毛绒小白兔的陪伴时，她也会将爷爷奶奶家里的毛绒靠枕摆放在床头，然后才能安然入睡。

这个习惯直到菲菲上了幼儿园后，才慢慢好了起来。菲菲在去幼儿园之前，还保留着自己特有的习惯。妈妈把孩子送到幼儿园时，特意叮嘱生活老师："孩子很听话，也很好相处，只是她有一个小习惯，睡觉前一定要把她喜欢的玩具放在床边才能安心入睡，希望老师能照顾到……"因为妈妈的细心，生活老师也尊重了孩子的习惯。随着活动范围的扩大，菲菲认识了很多新的朋友，和他们建立起了真挚的友谊，她的注意力也不再是玩具这么简单，这个奇怪的习惯也得到了改善。

孩子的成长过程并不总是一帆风顺的，他们常常会有一些奇奇怪怪的行为和习惯。心理专家解释说，这些行为和习惯和孩子内心中的情感和想法有很大关系。孩子身上出现的一些私密的、特有的习惯，比如案例中的菲菲喜欢把毛绒玩具放在床边睡觉才能感觉安心和踏实，这并不是什么特殊的嗜好，只不过是经过很多年养成的一个小习惯罢了。菲菲在睡觉前养成了固定的行为习惯，实际上给她带来安全感的不是毛绒玩具，也不是毛绒玩具摆放的位置，而是这个习惯本身能满足她对安全感的需要。案例中的妈妈做得是比较好的，她在发现孩子的这个独特习惯时，没有怀疑和侵犯孩子的个人习惯，也没有想方设法地去制止孩子，而是尊重孩子的习惯，让她能够在自然的氛围中成长，逐渐改掉不好的习惯。

回到孩子的内心情感和心理变化上来说，孩子养成特有的私密习惯，很可能与他们所生活的环境、家庭关系及地位、个体性格等因素有关。通常，如果孩子的爸爸和妈妈存在情感上的问题，孩子常常看到父母亲吵架或是冷战，这些情况极其容易让孩子缺失安全感，孩子就会寻找慰藉自己的方式。当他们通过这样的方式满足了自己的心理需要，慢慢地就会对这个行为形成依赖，孩子就这样养成了一些奇怪的、私密的习惯。

比如父母争吵的时候，孩子就通过跟自己对话的方式来缓解紧张感，此后孩子一遇到紧张的事情就忍不住要自言自语。因此，孩子恶习的养成与他们的心理是存在不可分的关系的，家长要注意保护好孩子的心理健康，尽可能地让他们生活在一个阳光、积极的环境中。如此，孩子才不容易因为心理需要得不到满足，而在弥补心理缺失的过程中养成不良的习惯。

如果孩子在家庭关系中感觉自己总是受到压迫，比如爸爸妈妈对孩子的要求过高，对待孩子的方式过于严厉，孩子就不太容易与家长建立亲密的关系。这样的孩子会在特定的情况下，选择特别的方式来宣泄和释放压力，实现自己内心的平衡。而孩子宣泄和释放压力的方式有很多就可能演变成不良习惯。所以，家长平时就要注意多观察孩子，和孩子建立平等的关系，在与孩子相处时要多一些理解和宽容，尽量让孩子能够自然、舒适地成长。这是对孩子的尊重，也是对自己的尊重。

孩子的性格常常会导致心理活动发生不同的变化，而心理活动的变化直接影响到行为和习惯。孩子的很多私密习惯就是这样养成的。家长要懂得尊重孩子的性格发展，发现孩子有因为性格方面产生的私密习惯时，要尽量地尊重孩子的私密习惯，千万不要强硬地要求孩子改正，否则会对孩子的性格发展造成影响，甚至影响其价值观念的形成。所以，家长能够做到在理解和包容孩子的基础上，顺应并尊重孩子的自然发展，在适当的时候给孩子提供必要的帮助，这将是对孩子最好最有效的呵护。

分析完导致孩子产生私密习惯的原因，爸爸妈妈可以比较明晰地了解到孩子的心理变化和发展，并根据孩子的表现给他们充足的关爱和信任，争取做孩子心目当中的好妈妈、好爸爸。

如何应对孩子的私密习惯——长大了还和爸妈睡？

通常情况下，孩子四岁以后就可以独立睡觉了。可是一些孩子长到七八岁时，还和大人挤在一张床上睡觉。这些不好的私密习惯是要不得的，家长应该做好准备工作，避免孩子养成这样的不良习惯。

方法1：提前沟通。在孩子长到四岁以后，家长要开始着手准备孩子分房间睡觉的事项了。可提前半年左右有意识地和孩子说："你是大孩子了，以后会有自己的房间，自己要独立睡觉。"先潜移默化地给孩子打好预防针，让孩子有一些心理准备。在让孩子分房睡前，尽量不协商，只沟通。不要和孩子协商："你独自睡觉，好不好？"孩子有选择的情况下，家长就很被动了。

方法2：孩子的房间由孩子做主。如果遇到孩子不愿意的情况，家长要态度坚决，可以用"你长大了，独立睡觉可以有自己的房间，你想怎么布置房间呢"之类的话来转移孩子的注意力。这样，孩子可提前感受"我要有自己的房间"的喜悦，而少了"爸爸妈妈不和我睡"的伤感。孩子的房间由孩子做主，让孩子参与布置的过程。等孩子的房间布置好后，他也能享受自己的劳动成果，更能感觉到快乐和成就感。

方法3：有仪式感地分房。家长可以选择有纪念意义的日子，给孩子举行一个特别的仪式，庆祝孩子成长的第一步。选择生日那天最好，让孩子自豪地觉得，自己是因为长大了才能够独自睡。

 ## 南风效应：宽容比惩罚更有效

在很多家庭中，爸爸妈妈总是习惯强硬地要求孩子，使用家长的权威去震慑孩子。这样的教育方式，有的时候对孩子是比较管用的。可在多数情况下，孩子不吃这一套，他们更希望爸爸妈妈能够温和地对待自己。

笑笑是一个性格倔强的孩子，她不喜欢听妈妈的唠叨，可是妈妈总是会在笑笑的耳边唠叨。笑笑有时候听得不耐烦了，就和妈妈发脾气，妈妈常常数落笑笑不懂事，可是笑笑就是不悔改。有一次，妈妈说得笑笑很烦了，笑笑终于忍不住对妈妈喊："我知道了，你可不可以不要再唠叨了，真的好烦啊！"听到笑笑这么说，妈妈本来还很生气，可是想想自己的做法确实有不好的地方，在唠叨孩子的时候从不顾及她的感受。现在笑笑不能再忍了，只能通过爆发的形式表示反抗，其实孩子也没有错，自己应多谅解和宽容孩子。此后，她尽量注意自己的方法，保证能一句话交代清楚的事情，不来来回回地说，也在很多方面尽量改善对待孩子的方式。慢慢地，妈妈发现，孩子不再反感自己，对自己的态度也有了很大的好转。

　　勋勋是一个执拗的孩子，用妈妈的话说就是"一旦做了决定，九头牛都拉不回来"。有一次，勋勋决定要学骑自行车，在爸爸的帮助下，他歪歪扭扭地骑着自行车龟速前进。费了半天劲，勋勋骑自行车的本领一点儿也没有进步，勋勋有些气馁了："学骑车好难呀……"爸爸见勋勋有些灰心，就采用激将法："你这还能行，遇到这么一点儿小小的困难就想逃避，离男子汉还差很远啊……"勋勋一听爸爸的话，有些着急，他不肯承认自己有些退缩，故意扯着嗓门说："才没有呢，我能学会的！"可是勋勋还是学得很慢，爸爸也没有办法，只好不再刺激孩子，让孩子能够轻松一点儿学。后来，爸爸时不时地鼓励勋勋，让勋勋觉得自己很棒，他的学习速度就加快了。现在勋勋已经学会了骑自行车，爸爸不禁感叹："原来正确的引导方式是如此重要啊！"

　　家长在培养孩子的时候，如果使用了不正确的教育方式，常常会在孩子身上起到适得其反的效果。孩子不听话、叛逆，常常会制造出很多的麻烦，让家长感到无可奈何。有的家长经常会用惩罚孩子的方式，希望孩子能够吸取教训，不要再犯。可是孩子偏偏不接受这样的对待，他们的反抗情绪更加激烈，总是做出与家长的意愿相违背的事情。因此，这些反应引起了家长的注意，难道孩子吃软不吃硬？若是换一种形式，用较为温和的方式对待他们，是否能够起到好的作用呢？

正如家长所猜想的一样，孩子害怕和高高在上的家长相处，因为家长总是拿他们的身份来要求孩子，用家长的权威吓唬孩子，孩子觉得不公平，所以在心理上就会受到抑制，进而影响行为和习惯。孩子更希望爸爸妈妈能够以朋友的身份和他们相处、说话，在自己犯错误的时候能够多一些谅解，能够给自己改错的机会，而不是动不动就用惩罚的措施。家长切记，孩子在忤逆大人意愿、犯了错的情况下，千万不要用简单粗暴的训斥和当众讽刺、挖苦的方式对待孩子，这样做不但不会起到作用，相反会引起怨恨和对立。

家长在和孩子相处的时候，要多给孩子一些宽容，要多运用"南风效应"。南风效应来源于法国作家拉·封丹写过的一则寓言，说的是北风和南风比赛威力，看谁能把行人身上的大衣脱掉。北风首先发威，来了一个呼啸凛冽、寒冷刺骨，结果行人为了抵御北风的侵袭，把大衣裹得紧紧的。接着南风徐徐吹动，行人顿觉风和日丽，温暖舒适，于是解开纽扣，脱掉大衣。南风因此获得了胜利。家长采用温和的方式对待孩子，就如同是在给孩子吹温暖的南风，孩子自然能够感觉到爸爸妈妈的关爱，内心得到安心和满足感。他们的内心是充盈的，无论生活、学习，还是娱乐都能保持良好的状态，成长和进步得也越快。反之，家长总是自以为是，用家长的权威震慑孩子，孩子如同接受着瑟瑟北方的狂吹乱打，不仅内心感到寒冷，在自身心理成长和构建的时候，难免也会受到影响。

另外，家长总是会一厢情愿地按照自己的方式来教育和对待孩子，他们不懂得因材施教的方法，还总是认为自己想要把孩子塑造成什么样，孩子就能成为什么样的人。这样的想法和做法都是不对的。孩子需要的是适合自己的成长方式。他们在适应家长的培育方式的同时，家长也要尊重和发现孩子的不同之处，顺应他们的自然成长，为他们提供帮助和需要。家长要多了解孩子，思考应该用什么样的方式方法引导教育孩子。

了解"罗森塔尔效应"，用期望达到激励目的

很多成功的人在回忆自己的经历时都会说：其实我和普通人没有什么差别，不同之处在于，我始终相信自己很优秀，所以我成功了。这就是"罗森塔尔效应"的威力。罗森塔尔效应讲的是"你期望什么，就会得到什么"。成功的人是因为他们期望自己最棒，所以他们会向着最棒的方向迈进。很多人将自己的成功，归功于小时候家长的良好教育，因为家长总是能在恰当的时间站出来给予自己鼓励和信任，而孩子就是这样一点一点在被期望的目光中成为优秀的人。

一位知名教师自豪地讲述自己的育儿心得："我的孩子小可基本不用管，他的习惯培养得很到位，不会无故出现捣蛋不听话的现象，更不会给别人制造麻烦，即便是犯了错也会自觉地去改正。他的学习也不用我操心，每天都能认真地完成学习任务，还自觉地要求自己多进行课外学习……"

台下的一位妈妈好奇地问："您是如何做到的？"

教师和颜悦色地说："其实我的做法很简单，就是鼓励和信任孩子。当然，鼓励和信任也有方法。我从来不会要求孩子必须完成哪些任务，因为我知道孩子被动地接受任务的心情。他们本来有兴趣，也会变得不情愿，这样反而耽误了孩子。我会夸奖孩子，发现他偷懒、懈怠的时候，就变着法儿地在孩子心中树立美好的形象，而这个形象正是我所期待的。家长不要把这个形象往孩子身上套，只要描绘和表达出来，确保孩子也感受到了自己的美好愿望，就完成工作了。孩子不自觉地就会向着这个方向发展，而家长只要轻轻松松观察孩子的变化，和孩子一起分享取得的成果就可以了！"

妈妈继续说："举一个具体的例子吧。"

教师说："有一次，孩子的老师问我：'你认为小可最近的表现怎么样？'我知道孩子可能在学校调皮了，当时孩子就在旁边，我思考了一会儿说道：'小可很听话，也很聪明，他每天都会保质保量地完成作业；他很懂礼貌，是个乖巧的孩子。'孩子也听到了这些评语，我看到他脸上灿烂的微笑。后来，孩子的表现一直很好，很少出现不好的行为。我知道是鼓励和认可发挥了作用。"

"罗森塔尔效应"是美国著名心理学家罗森塔尔和雅各布森在实验中发现的。他们通过实验和研究对比，发现通过给儿童不同的暗示，孩子们会在情感和观念上不同程度地接受这些暗示，并且在潜移默化的过程中让自己的行为发生变化，使他们的愿望、理想得到实现。

家长们可以运用这一效应所衍生出来的教育方法引导孩子进步。如同案例中知名教师那样，给孩子鼓励和信任。从孩子的心理层面讲，他们接收到了积极的暗示，内心的方向感明确，才能取得明显的进步。同时，家长的信任和帮助使得他们的信心更加充足，为孩子的成功添加了一层保障。这样的进步模式是一个良性循环的过程，孩子主动要求自己变好，得到的赞扬和鼓励又能转化成正能量不断给他们激励，这样孩子就会慢慢形成一种习惯。在这样不断追求健康的心理、塑造美好形象的习惯下，孩子自然而然地就趋近于优秀和成功了。

孩子成长和学习需要良好的环境和气氛。如果孩子成长环境中的每个人都相信这个孩子是出色的，他们就会通过方方面面给孩子传达出一个信号——你是大家认可的好孩子，将来一定能够取得优秀的成绩！孩子自然可以成长的很好。家庭成员中的爸爸妈妈、爷爷奶奶，学校里的老师和同学，这些人高度的期望能够自然地产生一种温暖的、关心的、情感上受到支持所形成的良好气氛，孩子在这样的气氛中成长，就会变得更加自尊、自信、自爱、自强。一般而言，期待者威信越高，越容易产生罗森塔尔效应。家长给孩子营造的气氛越有信服力，孩子就越容易接受到罗森塔尔效应的刺激，成长和变化就越有效果。

当然，孩子光接受正面暗示，只是实现了万里长征的第一步，接下来还需要反馈，即家长和教师的鼓励和赞扬。孩子通过家长的肯定、老师的赞扬，期待的结果得到了实现。他们感觉到自己的付出和收获成正比，就会明白自己需要不断努力才能变得更强大的道理，然后继续发愤图强。在这个循环过程中，孩子接受到的鼓励好比精神食粮，可以不断地为自己提供动力。这就保证了孩子在实现自我、塑造良好形象和不断改进的道路上更好地前行。

聪明的家长懂得，在向孩子表明对他们抱有高度期望的同时，更擅于教育指导他们。他们会对孩子提出建设性的意见，给予孩子启发性的思考，并提供极有帮助的知识材料，让孩子的进步和成长有实质性的保障。这是一个"固化"孩子成长和取得成果的过程。

家长按照"憧憬——期待——行动——反馈——接受——外化"的机制，让孩子将自我内在的潜能激发出来，最终达到期望的结果。这一过程中有一个环节出现偏差，都会影响到罗森塔尔效应的产生或强度的大小，在孩子身上所起到的效果也会不尽相同。总之，罗森塔尔效应所衍生出来的教育方法，值得家长去探索和尝试。

"罗森塔尔效应"的实验来源

"罗森塔尔效应"产生于美国著名心理学家罗森塔尔的一次有名的实验：他和助手来到一所小学，声称要进行一个"未来发展趋势测验"，并煞有介事地以赞赏的口吻，将一份"最有发展前途者"的名单交给了校长和相关教师，叮嘱他们务必要保密，以免影响实验的正确性。其实他撒了一个"权威性谎言"，因为名单上的学生根本就是随机挑选出来的。八个月后，奇迹出现了，凡是上了名单的学生，个个成绩都有了较大的进步，且各方面都很优秀。

关爱孩子的每一次抗拒，杜绝养成习惯性叛逆

有些孩子会出现这样的状况，他们面对所有的事情都会表示抗拒：拒绝讲道理，拒绝受规矩的束缚，拒绝接受爸爸妈妈的帮助，不喜欢交朋友，不懂得礼貌。孩子似乎天生就是这样一个"顽劣分子"，但是，孩子的表现其实最直接体现了他们的心理反应和心理活动。家长发现孩子总是抵抗、拒绝的时候，一定要注意引导孩子的心理，杜绝孩子养成习惯性叛逆。

艳艳原本是一个活泼可爱的小姑娘，可是最近妈妈发现一个奇怪的现象，艳艳不爱说话了，而且只要一说话，就"不""不行""不要"，这些话仿佛成了她的口头禅。比如有一次妈妈为艳艳制作好了爱心甜点，妈妈召唤她："艳艳，快来看，好看又好吃的甜点……"可是艳艳果断地说："才不要看呢！"可是过了一会儿，艳艳又会趴在门边，偷偷往里面瞧，还不住地抹口水。

家里来了亲戚，爸爸妈妈忙着招待，就喊艳艳来打招呼。可是艳艳非常没礼貌地拒绝："不要！"好在亲戚非常友好，还主动跟艳艳聊天，可是艳艳没好气地拒绝了人家："不要和你做朋友，你走你走……"结果弄得爸爸妈妈都很尴尬。

妈妈带艳艳到公园玩，碰到了邻居张爷爷，妈妈向张爷爷问好，可是艳艳拽着妈妈的衣角，拉着妈妈就要离开。在公园里看到小朋友在一起玩耍，妈妈对艳艳说："快去和他们一起玩吧！"可是艳艳还是拒绝了："我才不要跟他们一起玩呢。"

现在艳艳变得不爱搭理人，也不爱笑了，就好像变了一个人似的，爸爸妈妈真的很担心孩子，却不知道孩子究竟哪里出了问题。

我们知道，孩子总是将"不"字挂在嘴边，是他们的自主意识开始萌发的表现。可是孩子如果面对任何情况都表现出了抗拒，那么就是习惯性叛逆的表现了。针对这一情况，家长要特别注意，应当积极地应对，采取行之有效的方法，帮助孩子改掉坏毛病。

孩子习惯性叛逆，通常表现为抗拒人际交往、拒绝讲礼貌、不喜欢受规则的束缚等。抗拒人际交往表现为不喜欢和小朋友相处，面对别人的关心和问候采取不理会、不应答的方式拒绝，甚至拒绝爸爸妈妈的帮助。造成孩子这一变化的原因是，孩子在性格塑造的前期会进入一段"水泥期"。通常三到六岁是孩子"水泥期"的第一个阶段，这一段时期是孩子性格塑造的关键时期，孩子会按照自己的想法和意愿对自我进行一个审视和判断，所以孩子总是会表现出拒绝接纳一切，完全按照自己的主意行动，这就是家长看到的孩子为什么拒绝与他人相处的原因。

面对这种情况，家长不要责备孩子，更不要质疑孩子是否是品质出现了什么问题。他们只是在不断地成长，需要一个适应和更加了解自己的过程。孩子进入成长关键期，是他们心理发育的标志，之后孩子的性格会逐渐定型。所以家长一定要保护孩子，不要把孩子的抵抗行为视为不佳的表现，而是要尽可能地让孩子知道爸爸妈妈一直都支持他们，让孩子能够安心，能够满足自身对安全感的需要，从而给孩子的成长发展提供心理层面的保障。孩子在拒绝家长帮助的时候，家长可以先暂时不要干涉孩子，让他们进行自我调整，等到他们需要帮助的时候，会主动要求家长的帮助，这时候家长再帮助孩子就非常有意义了。

孩子的习惯性叛逆还表现为拒绝讲道理、不遵守规矩。因为这个时候的孩子，在他们的意识和认知里，还不知道自己为什么要被这些条条框框束缚。他们只想按照自己的想法做事。可家长时常要用他们的标准来衡量自己，因此孩子就会进一步地表示反抗，表达不满的情绪。所以，孩子在拒绝讲道理的时候，家长切忌跟孩子生气、责备孩子不懂事、采取强硬的态度要求孩子改变，这样最容易产生反效果。性格倔强的孩子会变得更加叛逆，之后不信赖父母，和家长作对，形成叛逆性性格；性格软弱的孩子只会变得唯唯诺诺，对别人的命令和安排唯命是从。这样不利于孩子性格、各方面的发展。

如果孩子在表示抗拒的时候不讲礼貌，对师长、小朋友无礼时，家长就不能听之任之了。比如遇到孩子拒绝和老师、客人打招呼的情况，家长可以事先和孩子沟通，见到老师、客人只要问好，之后如果不愿意和他们待在一起，可以去忙自己的事情。这样孩子也不会很为难，而且能够建立起基本的礼貌认知。

随着孩子的成长，他们的性格逐渐形成，自然也会告别"水泥期"。这个时候孩子能够很自然地与别人相处，愿意遵守规矩制度，继续完成自己的成长任务。而父母给他们的关爱和陪伴，是他们成长过程中最好的礼物。父母对孩子的引导和教育，更会影响他们之后的成长和发展。

孩子表示抗拒时，父母如何应对？

孩子的表现	父母的应对措施
不和小朋友玩	提起孩子曾经和小朋友一起玩耍时的愉快经历，让孩子选择加入小朋友的行列还是下次再一起玩；如果孩子选择后者，带孩子离开，寻找孩子感兴趣的事情，陪孩子度过更精彩的时光
拒绝和老师问好	家长礼貌地问候老师，给孩子做示范。给孩子制造机会，让他能够和老师说话，表达自己的情感和想法
遇到朋友躲避	如果孩子不愿意在某个时刻见到朋友，不要勉强；但是一定要提醒孩子，下次再见到的时候要主动致歉
客人问话，孩子不礼貌地问答	待客人走后，和孩子沟通，下次遇到同样的情况，只需礼貌地问候；如果孩子不愿意回答，要礼貌地拒绝，允许他们忙自己的事情

Part 09
好家长善用赏识和批评，巧打板子妙给糖

鼓励与鞭策同在，让"口吃"的孩子变成"辩论家"

在语言发展时期，孩子自然而然地拥有了语言能力，他们能够学会用语言表达自己的想法，让别人了解自己。但是，并不是每个孩子的语言表达能力都是健康的。有的孩子因为心理和生理的原因，患上了口吃的毛病。他们说话不利索，表达不清楚，给交流带来了障碍。因而，患有口吃的孩子总是会感到自卑，情绪还常常不稳定、易怒，有时还会发生破坏行为。面对孩子的情况，家长只能最大限度地保持耐心，不断地鼓励和鞭策孩子，希望他们能够克服口吃的毛病，变得自信阳光起来。

成成今年上小学二年级，他是一个聪明可爱的小男孩。但是从六岁开始，他就患上了一个小毛病——说话结巴。其实，在成成还很小的时候，他说话是很流利的，而且开口说话的时间也比很多同龄人早。也不

175

知道从什么时候开始，成成忽然变得自卑了起来，平时说话的次数也少了，一开口说话就是"我……我……我……"，本来说一句话只需要两分钟时间，他讲完得用五分钟以上。虽然爸爸妈妈很耐心，可是别的小朋友是没有耐心听他说话的，嘲笑他是个结巴，还常常故意模仿他结巴时的表情。成成越发变得自卑，有时宁愿闭嘴不说话，也不愿意遭受嘲笑和轻蔑。他逐渐开始害怕和同学相处，慢慢地就养成了内向、不爱说话的性格。

成成目前的情况对他以后的成长和发展都很不利。爸爸妈妈都很担心，他们通过咨询，听说很多犯有口吃病的孩子都通过语言矫正训练得到了改善，孩子口吃的毛病治好后，人也变得自信了。妈妈也想带成成去试试。经过一系列的语言训练，结合心理医生的指导，成成终于在医生和家长的密切配合下治好了口吃的毛病。现在成成变得开朗自信多了，他也愿意和大家一起相处、讨论问题了，再也没有人嘲笑他曾经是个小结巴了。

案例中的成成患上了口吃的毛病，但是他的爸爸妈妈没有放弃他，对他非常有耐心，尽可能去帮助孩子矫正，从而让成成重获自信和快乐。在成成慢慢得到改善的过程中，爸爸妈妈对他的保护和帮助，无疑是他走出困境最大的信心来源。父母是孩子最强大的依靠，孩子只要能感受到来自爸爸妈妈的爱，相信还是有人无私地爱着自己的，就会产生自信心理，激发自己的潜能，改变自己，让自己获得新生。每个孩子都有希望，他们应该得到尊重和爱护，尤其是爸爸妈妈的尊重和爱护。即便孩子遇到了一些困难，爸爸妈妈也不要轻易就放弃他们，如果家长都不相信孩子，孩子心中最大的依靠都没了，他们又怎能让自己变得好起来呢？

因此，家长首先要做的就是爱孩子，只要孩子需要，就应该给他们提供无私的帮助，让孩子的心里得到依靠。每个家长都是爱孩子的，只是表达和关注的方式不尽相同。有的家长会用温和的方式，在生活中从不吝啬给孩子赞扬的话语，总会给孩子肯定的眼神和有信任感的鞭策；当然也有的家长会通过严厉的管教、高强度的练习，让孩子不断进步，等到孩子取得成果后才能享受到父母的爱。其实，当孩子的生理和心理都还很不成熟，尤其是还处在脆弱的时期，家长最好能够采取第一种方式，用较为温和的方式对待孩子，了解他们切实的心理需要。家长对孩子的关怀和安慰，往往是最有效的药剂。孩子的内心是丰盈的，他们能够知道自己虽然有一些小毛病，但是是可以治愈的。只要自己肯努力，肯端正态度配合，就能够改变现状，成为爸爸妈妈希望的样子，让父母放心。

是的，家长需要有毅力、有耐心地对待孩子，即便是在他们"患病"期间。当孩子因为心理的负面作用变得情绪暴躁，常常发怒，难以控制自己，甚至还会出现破坏行为时，家长千万不要对孩子动怒。毕竟孩子年纪还很小，他们的自控能力有限，加之心理上的巨大压力，出现这样的状况也是可以理解的。家长应该理解孩子的心情，了解孩子的一些生理状况，并通过最有效的方法帮助他们。当然这个过程一定是漫长的，家长必须做好心理准备。

当然，也有很多"奇特"的现象。当孩子忽然认识到了自己身上出现的问题，他们有时自己会学会克服心理压力的办法，这种案例是存在的。所以家长也应当有信心，给孩子的帮助越多越恰当，孩子自我改变的速度也就越快。

以上总结为一句话：无论孩子是处在脆弱时期，还是在平常的成长过程中，孩子真正需要的是来自爸爸妈妈发自内心的鼓励和支持，是父母亲能够随时地鞭策和提醒。这能让孩子最大限度地满足自己的心理需要。只要他们的内心是坚强的，就不会被轻易击垮、打败，就有希望发现一个全新的自己，从成长的阴霾中走出来。

我们看到，一个充满自信的孩子，他们有能力战胜一切困难。比如案例中的成成，即便是处在构建语言能力的时期，面对发音不清楚或说话不流利的情况，孩子也能运用自己本身的能量，让自己发生改变，掌握表达的方法，克服说话不流利的毛病。这样的孩子发展和提高的空间都很大，他们的情绪可以保持稳定，不会轻易激动。他们不再害怕在大庭广众下说话，不再害怕上课时回答老师的问题，有能力并且愿意主动与同学交往。

你知道"口吃"患儿的内心活动吗？

1. 一个总是能得到父母鼓励的孩子：

面对的状况	心理活动	得到的帮助		心理活动
自己说话的时候结巴	我是不是很笨	父母的鼓励和鞭策	你很棒，而且非常聪明	我只是还没有掌握好说清楚的能力，慢慢就好了
别的同学都嘲笑我	我说话的时候很慢，他们不愿意听，也不喜欢我		没关系的，爸爸妈妈会一直爱你的	同学们只是暂时不了解我，可能是因为我比较特殊吧，相信我会好起来的

2. 一个很少感受到父母关爱的孩子：

面对的状况	心理活动	得到的帮助		心理活动
自己说话的时候结巴	我是不是很笨	父母的嫌弃和不耐烦	批评、苛责	可能我的说话能力真的有限，我以后也不会好了
别的同学都嘲笑我	我说话的时候很慢，他们不愿意听，也不喜欢我		担心、忧虑	大家都不喜欢我，看来我是一个没人爱的孩子

专治淘气包，对症用"药"才能见疗效

一位家长说，孩子三岁以后总是好动，喜欢和小朋友疯玩疯闹，有时还会故意恶作剧，常常让别人陷入尴尬的窘境，但是大家面对稚气未脱的孩子，又不忍心责备，所以一边烦恼一边爱怜地称呼他为"淘气包"。很多家长可能都会抱怨孩子淘气、调皮，可是又不知道该用什么样的方法阻止他们养成这样的习惯。教育专家说，淘气是孩子的天性，家长不仅不应阻止，还应很好地爱护和培养，不过，保护和培养是有方法的，家长要善于根据孩子的表现进行引导，帮助他们慢慢摆脱稚气。

子齐是一个四岁的小男孩，他在幼儿园可是一个出了名的"淘气包"。上课的时候他一分钟都坐不住，小动作还特别多，也不爱听老师讲课。老师说话的时候他总是插话，扰乱课堂纪律，还喜欢和其他小朋友交头接耳，感到无趣时甚至还欺负比自己小的孩子。看到子齐的表现，老师也感到很无奈，常常和家长讨论："子齐的表现和很多孩子都不同，他的注意力总是不集中，做事不牢靠，学习有些困难，是不是需要想办法纠正一下？"家长也表示很无奈，子齐的爸爸妈妈说，孩子在家的时候也很调皮，可能是因为平常比较娇惯孩子，才让孩子养成了这样的毛病。家长正是因为管不住孩子，所以才想着送孩子到幼儿园来，让老师帮忙看管。现在子齐的爸爸妈妈也很担心，不知道该怎么教育孩子了。

美佳是一个女孩子，虽然她只有五岁，可是非常顽皮。她在家长面前很倔强、不听话。即便是面对师长，也特别冒失，不讲礼貌。而且她古灵精怪的，鬼点子特别多。只要听到哪个小孩子哭着说要去告状，就肯定是美佳搞的恶作剧。美佳的脾气还有些火爆，看起来是一个乐天派，可是只要有人说她不好，她就特别激动，还与人家争吵。爸爸妈妈常常

劝美佳不要这样顽劣，大家都不会喜欢这样的孩子，可是美佳却不以为然，依然我行我素。

案例中的子齐和美佳，他们虽然年龄、性别都不同，但是出现的问题却是相同的，就是淘气、调皮。这些孩子有一些共同的特点，就是学习懒散、粗心马虎，好动、鬼点子多，性格外放，喜欢热闹的场面。心理专家解释说，这样的孩子看起来特别顽皮，但其实他们的内心非常脆弱，很可能是在某方面极度缺乏自信导致的。

孩子淘气，是因为他们天生有着好奇心。在大人看来司空见惯的东西，在孩子眼里却是每一样都充满了吸引力，他们想一个一个地弄清楚。在好奇心的驱使下，孩子渴望了解更多的事物，也希望自己能摸摸试试。往往成人越不让看、越不让做的事情，孩子偏偏要看要做。这种淘气是建立在探索欲望上的行动，并不是坏事。因此，淘气并不是判断孩子好坏的标准。

孩子一淘气，家长就会阻止孩子，可是孩子非但没有改变，反而情况更加严重，爱疯玩疯闹，搞恶作剧，上课小动作多，不爱学习，还欺负小朋友，似乎他们承包了所有"坏孩子"干的事情。由此可见，直接阻止难以起效，对付淘气的孩子，得"对症下药"。

孩子在调皮捣蛋的时候，家长不要一发现"不好的行为"就上前阻止。父母制止孩子非但不会起到作用，反而越制止越容易引起他的好奇心。孩子会想"为什么家长不让这样做？一定很有趣，我一定要尝试一下，看看爸爸妈妈的反应……"这样的结果就是，孩子尝到了搞怪的甜头，而且发现父母也无可奈何，所以就一遍遍地尝试"挑战别人的底线"，慢慢就成了大家眼中的"淘气包"。而父母对孩子的行为越发不知所措，只能眼看着孩子顽皮，却不知道该从何下手。

面对这种情况，家长要先观察一下孩子的举动，看看他们究竟想要做什么。如果孩子仅仅只是因为好奇，想要动一动去探索和发现，那么家长完全可以允许他们进行这样的活动。这样在满足孩子好奇心的同时，还能锻炼他们的智力发展。当孩子的欲望得到满足的时候，他们自然也就不会继续去做无意义的事情了，自然也不会发展成为顽劣的品性。

家长发现孩子捣乱、不安分的时候，不要一味地批评、打骂孩子。这样做孩子可能暂时会变乖，可是很容易激起他们的报复心理，下次还会重新上演同样的情景，而且情况可能会更加恶劣。他们会把对父母的不满情绪发泄到别的事情上。同时，家长在引导教育孩子时要注意自己的态度，不要给孩子一些负面的暗示。比如，很多家长看到孩子淘气就会加以阻止，还经常教训孩子说不许淘气，淘气就不是好孩子了。孩子听到这样的话，他们非但不会约束自己，反而会"破罐子破摔"，认为"反正我都不是好孩子了，那就大胆按照自己的意愿去做吧"，结果就出现了如同案例中提到的两个小朋友出现的状况。另外，如果家长总是不能理解孩子，一味地制止孩子的淘气行为，指责孩子，孩子的内心就会变得畏缩、恐惧，甚至产生不必要的心理障碍。

以上说了家长两方面的"不要"：一不要不分情由地阻止孩子的淘气行为；二不要对孩子的淘气一味地加以批评指责。家长在和孩子相处的时候，可以加入孩子的活动，和孩子一起"淘气"。在这个过程中，就是家长引导孩子的关键时候了。孩子很擅长从家长身上学习，所以孩子接下来发展成什么样，就看家长怎么塑造孩子了。

家长该如何应对淘气的孩子？

1. 保证孩子安全。淘气的孩子喜欢危险的活动，所以家长首先要使孩子避开那些有危险的活动场所，把可能有危险或不宜摆弄的东西放到孩子够不到的地方。在保证安全的前提下，让孩子淘气的天性得到尽情地释放。

2. 满足孩子的好奇心。孩子淘气是好奇心强的表现，家长首先要把它看成一件好事，然后应该珍惜他们的求知心理，抓住时机，向孩子介绍新接触到的事物，满足孩子的求知欲。在这一过程中，还要引导孩子养成好习惯，培养好行为。

3. 多关心、陪伴孩子。有的孩子会因为想要引起家长的注意而"淘气"，对这样的孩子，家长应多关心、多陪伴，听听孩子的想法，让孩子知道爸爸妈妈是关心他的，使他达到心理上的平衡和安慰，从而保持正确的行为。

4. 和孩子一起"淘气"。有的孩子精力过剩，总是停不下来。对这样的孩子，家长应该给孩子创造一些条件和机会，比如和孩子一起搭积木，一起玩遥控车。这样不但能让他们的剩余精力得以发挥，同时还能锻炼动手能力和增进亲子感情。

 ## 好家长巧妙沟通，与"坏孩子"妥善磨合

家长有时会遇到这样的状况：孩子拒绝和父母沟通，还常常表现出叛逆的一面，家长要求孩子做什么，孩子偏偏要对着干；父母越是管教，孩子就越不听话。无论父母用什么样的方式和孩子沟通，起到的效果都甚微。家长感到很头疼，孩子什么时候变成了不听话也不愿意和家长沟通的"坏孩子"？这样下去怎么是好？

小吴妈妈最近感到非常烦恼。她六岁的儿子乐乐变得非常暴躁，做错事情非但不承认，还拒绝和妈妈说话。事情是这样的：上周五，妈妈和乐乐两人在家，妈妈接听一通电话的工夫，乐乐在玩耍的时候就不小心打碎了桌子上的一只茶杯。妈妈闻声赶来，看到地上摔碎的茶杯，这可是妈妈最喜欢也是最贵的一套。妈妈立刻火冒三丈，但是想到孩子毕竟还小，难免会不小心，于是平复了一下心情，压制住了心中的怒气。可是，接下来的事情更令妈妈恼火。乐乐可能知道自己犯错了，独自躲

进了自己的房间，把门反锁起来。

妈妈压制住心里的火气，敲了敲乐乐房间的门，并说："乐乐，我知道你在里面，你赶快出来，我想和你谈谈，我保证不发火也不打你！"乐乐小心翼翼地说道："不行，我害怕，我现在不想看到你……"妈妈心中的无名火更大了，生气地敲打着门，并吓唬乐乐说："你赶紧给我出来，不然今天不让你吃饭！"乐乐赌气说道："不吃就不吃！"然后再也不回应妈妈的话了。

小吴妈妈等平静下来之后，开始反思：或许是平时对孩子太过于严厉了，孩子一犯错就采用打骂、惩罚的方式。孩子肯定不喜欢这样；而且自己的性格比较冲动，动不动就爱发火，孩子才会拒绝和我交流。孩子变得不听话、暴躁也是有原因的。看来我要改变一下自己了。

是的，现实生活中有很多家长如同案例中的小吴妈妈一样，他们常常会陷入与孩子沟通的误区。孩子不喜欢也不接受家长的这种沟通方式，所以就不愿意和家长说话了。有的家长不懂得反思自己，总是将错误归结到孩子叛逆、不懂事上来。在他们眼里，不愿意和家长沟通的孩子就变成了"坏孩子"。在这样的情况下，孩子慢慢地也养成了很多不好的习惯，其中最大也是最严重的一项就是越来越叛逆，不尊重父母，甚至还会和父母对着干。孩子做了错事拒绝向家长承认错误，慢慢地就真的变成了"坏小孩"。

在孩子成长发展的过程中，爸爸妈妈应当扮演好"知心者"的角色。只有能够和孩子建立起亲密的关系，能和孩子心平气和地说话、谈心，孩子才会愿意跟家长交流。那么，家长和孩子进行语言交流的途径都有哪些呢？

第一，家长可以抓住各种机会来和孩子交流，比如，每天起床都和孩子打招呼。即使是还听不懂父母语言的小婴儿，每天早晨醒来，听到父母一句带着微笑的问候："宝贝早上好！"也会获得一种安全感。当孩子再长大一些，能够听得懂父母的语言或者已经会说话的时候，他们听到爸爸妈妈的问候，不仅一整天的心情都很愉快，而且还会热情地回应："爸爸妈妈早上好！"当家长每天都能和孩子有这样的互动时，孩子就能够获得安全感和归属感，自然也愿意和家长做朋友。第二，家长可以通过做游戏的方式和孩子多说话。小孩子都喜欢做游戏，他们很乐意和爸爸妈妈或是小朋友们玩各种各样的游戏，所以家长一定要多抽时间与孩子一起玩耍、做游戏。在玩游戏的过程中和孩子多说话、多交流，在与孩子增进情感的同时，培养孩子的语言能力。第三，家长可以利用做家务的时间和孩子说话。一些孩子对力所能及的家务活很感兴趣，有时孩子还会把做家务看成游戏的一种，所以家长要允许孩子帮助自己做家务，给孩子一个锻炼动手能力的机会。让他们在养成好习惯的同时，也得到一个锻炼语言能力的机会。父母可以利用指导孩子做家务的机会多跟孩子交流，家长能够多了解孩子，孩子也能体会爸爸妈妈的辛苦。第四，利用餐桌时间，和孩子多说话。虽说"食不言，寝不语"，但是吃饭时间是家长与孩子进行交流、让孩子积极表达的好机会。现在很多家庭，爸爸妈妈白天的时候都很忙，只有晚上吃饭的时间才能和孩子平心静气地坐下来。这个时候家长可以选择一些积极的、有意义的话题，让孩子参与进来一起讨论，这样做既有利于孩子语言能力的提高，也有利于亲子之间的沟通。

其实，家长还可以通过鼓励、关心、安慰、赞扬孩子的机会，和孩子进行沟通交流。每个孩子都希望得到爸爸妈妈的肯定，这是正常的心理需求，而且孩子的这种需求往往比成年人更为强烈。所以，家长在平常的生活中，要多观察孩子，只要发现孩子的生活习惯很好，就要给予积极的称赞，让孩子的心理得到满足。孩子知道爸爸妈妈对他的关心，就会在鼓励的积极作用下，越来越提高对自己的要求。另外，家长可以通过安慰或原谅让孩子多说话。小孩子经常会因为各种各样的小事而犯错。面对做错事的孩子，很多家长的教育方法就是责备、惩罚。这样难免让孩子产生恐惧心理，不仅对孩子的身心健康不利，而且会降低孩子对家长的信赖。所以在很多时候，当孩子意识到自己的错误后，家长可以给孩子适当的安慰，用原谅的方式表示对孩子的理解，让孩子能够知错就改。这样孩子以后再犯错就不会瞒着爸爸妈妈，也可以避免孩子滋生撒谎的心理。

总之，父母可以利用生活中的任何机会和孩子多说话、交流。父母和孩子建立起深厚的情感，可以减少孩子养成不良习惯的可能。

家长在平时的生活中需要注意和孩子沟通的事项

时间问题	现在很多家长平时工作都很忙，所以很少有时间和孩子坐下来说话。长时间这样，孩子的意识里就会认为沟通是一件不重要的事情。所以当家长想要和孩子谈心的时候，孩子就会拒绝
	家长总是等自己空闲下来后，才会找孩子聊天，一聊就拖延很长的时间，否则跟孩子就没什么交流，这样是不对的。首先孩子没有养成和家长定期交流的习惯，会因为感觉无趣而拒绝跟家长交流；其次，家长和孩子聊天的时候，孩子会把自己表现好的情况说出来，而不交谈不好的表现，这样的沟通效果并不好
年龄问题	当孩子还不会说话或者还听不懂大人说话的时候，许多家长会认为跟孩子说话多余，减少了和孩子说话的次数
	当孩子到了上学的年龄，他们的语言表达能力得到了提高，家长认为孩子长大了，所以就会把注意力转移到对孩子的学习能力上去，对沟通的要求就减少了
重视内容	等孩子上了学后，家长会认为每天孩子在学校和老师、同学的交谈已经能够满足他们的语言能力的锻炼，忽视了亲子之间的情感交流

 不要做孩子的监工，建立好习惯不能只靠强硬"管"

很多家长抱怨，孩子身上有很多不好的习惯，比如做作业拖拉、不爱劳动、没有耐心、做什么事情都没有自觉性。为了让孩子能够养成好的习惯，家长总是会热衷于做一个工作——就是不停地催促孩子，监督孩子。但是，收到的效果却不令人满意。孩子非但没有建立起好的习惯，反而越来越不愿意听大人的话，甚至还会故意捣乱，与爸爸妈妈的指令和要求对着干。以下一段话来自一位妈妈：

我的女儿读小学六年级了，为了让她养成好习惯，我真是大费周章。有一段时间，孩子做作业非常拖拉，原本只需要一个小时完成的功课，孩子两个小时才能完成。当其他同学都顺顺利利地完成作业来找她玩时，孩子还在磨磨蹭蹭。我想不能任由孩子再这样下去了，于是让孩子独自到安静的房间去做作业，谁知孩子一会儿要上厕所，一会儿要喝水，要不就是发呆，也不知道孩子到底在想什么。我只好专门来监督孩子做作业，每做一道题，都要提醒孩子不要分心，要保持好坐姿，写字要工整。一段时间下来，孩子有了一些改变，但是也出现了新的问题。就是我在场的情况下完成的作业很好，可是只要我不监督的时候，她就又恢复了原来的老样子。真是很无奈啊！

不仅仅是做作业的问题，平常孩子就喜欢看电视，尤其是周末的时候，一打开电视就看个没完，遥控器从来不离手。我担心孩子成了电视迷，于是严格控制孩子看电视的时间，一看到孩子超过了规定的时间，就提醒她该去做别的事情了。孩子表面上答应着，可是不到一会儿工夫，就又开始故伎重演。

相信很多家长遇到过案例中出现的情况。家长常常扮演着孩子"定时闹钟"的形象，他们负责监督孩子的一举一动，促使孩子在自己的管教下养成好的习惯。虽然家长的初衷是好的，而且孩子确实可能在家长的督促下，在一段时间里变得好起来。但是家长也会发现，只要不继续监督孩子，他们就会继续犯懒散的毛病。实际上他们并没有按照家长的意愿养成好习惯，偶尔表现得很好似乎只是孩子应付家长的表面现象。

这是有原因的。家长监督孩子的做法，相当于把孩子的手脚捆绑了起来，孩子不是自觉地去做某件事情，而是被动地按照别人的意愿和要求做事。他们自然就只会以达到别人的目的为目的，而不会去重视自己的能动性。在父母这样的"管教"之下，孩子看似很乖，听从家长的安排，做事亦步亦趋，但实际上并没有养成好的习惯，而是加深了他们听话、不相信自己有很好的自我控制能力的想法。这样反而影响孩子自发地、主动地去改变自己，造成习惯被动地听从家长指挥的后果。这样的教育方式对孩子的成长和发展是不利的。

所以，家长不能靠硬管来要求孩子培养起好习惯，因为管束和制约本身就是一种向孩子施加压力的过程。孩子本身的承受和应对能力就有限，他们不得不在面对家长的施压之后选择被动地听从，根本没有机会再去思考什么是对的、什么是不对的，因而丧失了锻炼自己的机会。而且，孩子在被迫接受家长管教的过程中，很容易和家长建立起一种对立的、不平等的关系，也比较容易滋生孩子对家长的不满甚至是仇恨心理，非常不利于亲子之间的关系发展。

那么，家长用什么样的方式培养孩子的习惯才是可取的呢？当然，我们这里说的不要用监督、管教的方式对待孩子，不是说就是不管孩子，更不是面对孩子的坏习惯听之任之，而是要采取让孩子认知到自己的不良习惯以及不良习惯的危害性的方法，让孩子能够主动地、自觉地去克服和纠正。比如，孩子有做作业拖拉的毛病，家长不要总一个劲儿地催促，可以先让孩子进行比较：假如他能认真、有效率地完成作业，之后就能够和同学一起玩耍；假如做作业的时候拖拉，就会浪费很多时间，也没办法跟同学玩耍了。最好能让孩子自己发现问题所在，孩子才能清晰地认识到问题的严重性，才会主动地去改正。

家长要以身作则，给孩子树立好的形象。很多习惯，孩子是从家长身上"复制"过来的。所以在日常生活中，家长首先要严格要求自己，发现自己身上的习惯问题，要积极主动去更正。这样在孩子的意识里，他们就能够认识到，有坏的习惯一定要及时纠正，而不是让它继续蔓延下去，对自己造成更大的影响。

孩子的习惯不是一天两天就能养成的，这是一个漫长的过程。家长要在平时的生活中多多引导孩子，比如可以给孩子一些积极的暗示，可以列举一个名人的事迹，利用名人效应激发起孩子对自己的约束力，使孩子自觉自愿地对自己有所要求。

总之，让孩子养成好的习惯，不是被动地跟在孩子身后管束出来的，而是让孩子能够形成自我约束力，认识到好习惯的积极作用，自发地改进自己，并且主动要求家长的帮助，来共同完成。

 ## 给孩子适当的"劣性刺激"，强化那颗柔弱的心

有的孩子比较自恋，他们总是认为自己非常优秀，在各方面都要比别人强，因此常常表现出自傲的一面，给人留下骄傲自满、浮夸的印象。但是同时，这样的孩子内心又比较脆弱，他们一旦感觉到自己不如别人，就会非常气馁，甚至还会产生嫉妒的心理，而这些就是自恋孩子的弱点。

小林是一位妈妈也是一位心理咨询师，她非常善于教导自己的孩子。有一段时间，小林的儿子豪豪非常调皮捣蛋，而且仗着大家都很喜欢他，到处撒泼耍赖。每次大家都觉得孩子的行为有些过于顽劣的时候，豪豪却不以为然地说："我就是这样啊，反正爸爸妈妈、老师都很喜欢我，我在他们心里是最棒的，你们都不如我！"大家一边觉得无奈，一边非常担忧，豪豪各方面确实是比较好的，但就是任性起来谁也管不住。大家都觉得应该管教管教他，但又担心如果使用的方法不恰当，会给孩子造成不好的影响，孩子的心理会受到伤害，所以大家也只能先由着豪豪，决定先观察一段时间再说。

林妈妈经过一段时间的观察，发现豪豪平常还是很懂事、很听话的，只有一点就是自恋、不谦虚，不愿意吃苦和接受别人的好建议。如果有人想要劝他改掉这些坏毛病，他不但不听，还会反驳别人的观点。所以

妈妈想要在豪豪的身上使用"劣性刺激"，先让孩子接受一些吃苦耐劳的训练，比如让豪豪帮助家长做一些力所能及的家务活，通过让孩子学习对他进行一些指导和指正，强化一下孩子虚心接受他人教诲的心理，等到孩子慢慢习惯了以后，再让他尝试接受别人善意的批评指正。果然，在林妈妈循序渐进的引导下，孩子没有因为一时感觉自尊心受到了打击而变得沮丧，进行反驳，而是一点点能够接受好的建议，变得更受大家欢迎了。

对于那些总是习惯自以为是的孩子，他们需要接受"劣性刺激"教育。所谓的"劣性刺激"，就是指在孩子未成年时期的教育过程当中，通过减弱甚至反转一些生活或者环境条件而达到挫折教育的目的，从而防止孩子在教育过程中被惯坏的情况出现。

林妈妈不仅在让孩子能够听取别人好的意见方面得到了改善，而且还采取了很多措施让豪豪能够体会到别人的良苦用心。比如，林妈妈闲暇时间，就会带着豪豪到农村去体验生活。豪豪以前习惯了过衣来伸手饭来张口的生活，在边远的山村，豪豪和妈妈体验到了生活中的不便，才真正地意识到自己在城市中的生活是那么来之不易，他也因此学会了感恩自己的爸爸妈妈。回到城市后，豪豪能够更珍惜现在的生活，并且常常怀着感恩的心去帮助身边的人。他身上的坏习惯和坏毛病也一点点地得到了改善。妈妈也感到很欣慰。

如上，"劣性刺激"教育可以通过让孩子感受到一些挫败感，吃一些苦，经历一些磨难来实现，具体来讲，有以下几种方法：

第一，可以通过饥饿来实施。很多家长都把自己的孩子当成小公主、小王子来培养，生怕他们受到一丝丝委屈，更别说是饿孩子了。但是，有的孩子并不懂得珍惜，他们常常会不加节制地浪费。在这样的情况下，家长就要有意识地让孩子接受一些"劣性刺激"，让孩子能够懂得节制和珍惜，这样也有利于孩子建立起同理心。

第二，可以通过让孩子感受劳累来实现对孩子的教育。通常，家长会把希望寄托在孩子身上，尽量为孩子创造好的生活条件，尤其是很多独生子女家庭，总是害怕孩子吃一点点苦、受一点点罪，所以把很多锻炼孩子的机会都给抹杀掉了，这是不利于孩子成长的。孩子很可能就这样在家长的精心呵护下，变成了温室里的花朵。还有的孩子接受了一点儿劳动教育就通过撒娇之类的行为向父母讨欢心，而父母也总是会百般娇宠，这样孩子很容易出现"被娇生惯养"的情况。其实，孩子适当地吃一些苦、经历一些生活中的磨砺对他们来说是非常必要的。孩子能够从这些生活经验中学会很多东西，不仅仅可以学到生活技巧，还能够锻炼他们对事物的包容和忍耐心。这将是孩子一生受用的宝贵财富。

第三，孩子犯了错，批评是必要的。在不伤害孩子自尊心的情况下，适当的训斥可以让孩子意识到问题的严重性，从而让孩子能够自觉自愿地改变自己，达到很好的教育目的和效果。

但是家长要注意，以上三种教育方式绝对不等于体罚。"劣性刺激"的目的是要让孩子能够知道自己并不是没有缺点的，避免骄傲和自大心理，并且让孩子认识到自己在哪些方面存在不足，虚心地接纳别人的意见，弥补自己的不足。所以在实施的时候要有理有度。

另外，家长在具体的实施过程中，一定要根据孩子的接受程度和吸收能力做适当的调整，只有合适地运用才能起到好的效果，反之则可能刺激孩子产生不良的情绪，进而产生一些不健康的心理。

你的孩子需要"劣性刺激"教育吗？

1. 孩子总是自以为是；

2. 挑食，平时零食不离手；

3. 兴趣不专一；

4. 遇到困难总想着逃避；

5. 缺乏锻炼，不能经常运动；

6. 不爱做家务，生活懒散；

7. 不愿意接受他人的意见和建议；

8. 受到评判非常气馁；

9. 没有同情心；

10. 犯了错不承认。

有以上情况中的任何一个，家长可以适当对孩子进行"劣性刺激"，但是一定要注意根据孩子的不同情况，进行适当的教育引导。家长在实施的过程中也要注意方式和态度，重点让孩子意识到教育的目的性，切不可把劣性刺激教育演变成对孩子的体罚，让孩子产生错误的理解。

 ## 别跟"别人家孩子"比，更不要用讽刺来伤害孩子

我们在生活中，一定听到过这样的话语："你看看谁谁谁家的孩子，你再看看你！""人家家的孩子怎么那么乖那么听话，你为什么就做不到呢？"这些话通常都来自气急败坏的爸爸或妈妈。虽然父母的心情可以理解，他们是希望自己的孩子能够乖巧懂事、积极进取，但是家长这种总是拿孩子和别人比较的做法，对孩子们来说是非常不可取的。

梅阿姨有一个上初二的女儿，平常梅阿姨一直奉行对孩子进行激励教育。梅阿姨所谓的"激励教育"就是给孩子提供学习榜样，让孩子照着自己认为的好孩子的样子发展。比如梅阿姨时常会对女儿说："你看看隔壁家的小勤，学习多自觉啊！你以后要是也能像他一样，那妈妈能少操多少心啊！"刚开始的时候，梅阿姨家的孩子还能听得进去，向着小勤的样子努力学习，不让妈妈失望，当然孩子也取得了一些进步。可是梅阿姨似乎从来都不会表扬孩子，因为她担心孩子会骄傲自满，变得不虚心。

　　于是，总是能听到梅阿姨对自己家的孩子说："你看看人家谁谁谁，这回考试又得了第一名，你说人家怎么那么厉害！""你张阿姨家的儿子今年考上重点中学了，你也要再努力一点儿，不要给我丢脸！"慢慢地，孩子听得有些厌烦了。终于，女儿和梅阿姨因为总和别人家的孩子对比这件事情，发生了不愉快。这天期末考试结束了，女儿拖着疲惫的身体回到家中，梅妈妈见女儿不高兴的样子，猜想一定是她的成绩没考好，本来是想上去安慰一下孩子的，可是说着说着，又无意中提到了同事的女儿。妈妈说同事家的女儿如何如何有出息，还在英语竞赛中获得了二等奖。这时，孩子的情绪终于爆发出来了："为什么你总是说别人家的孩子好？为什么你从来都看不到我的努力？你去找别人的女儿做你女儿好了！"说着，将自己的成绩单丢在妈妈面前，摔门而去。

　　以前梅阿姨看到女儿类似的反应，都会认为女儿不够虚心，可是这次女儿竟然说出"你找别人的女儿做女儿好了"，她才觉得问题有点儿严重，看来孩子是真的伤心了。梅阿姨总是想采取激励措施，殊不知孩子的心理是很脆弱的，她一直在忍耐着妈妈拿别人家的孩子和自己做对比。现在梅阿姨有些后悔了，可是又不知道该如何弥补。

　　很多父母爱拿"别人家的孩子"来比较，目的是给自己家的孩子一个奋斗和努力的目标。但事实上，这样做不仅难以起到一种激励的作用，还会损伤孩子的自尊心和上进心，甚至影响孩子对父母的信任度，从而导致孩子对父母冷漠化。有的孩子内心比较敏感、脆弱，他们会误认为自己的父母不信任自己、不喜欢自己，甚至还会觉得父母的话语就是在讽刺自己，因此产生自卑的心理。所以家长不要总是拿孩子跟别人作比较，要掌握正确的方法，才能在保护孩子自尊心的同时，激励孩子不断进步。

　　首先，家长应该引导孩子"和自己比"，而不是"和别人比"。比如，拿孩子这次取得的成绩和上次的成绩进行比较，拿孩子的优点和缺点进行比较。如果确实觉得别人家的孩子在某一方面值得自己的孩子学习的话，那么最好先对自己的孩子表现好的方面给予表扬和肯定，然后再客观分析别的孩子表现比较好的方面，之后才在此基础上建议孩子如何学习别人的长处，这样孩子的心里会更容易接受。

其次，家长要尊重孩子之间存在的差异，让孩子自己能够自主地进行改变。由于家庭背景、成长经历等众多原因，每个孩子的发展速度、认知能力、生活经验、学习方式等方面都不相同，因此家长需要尊重孩子之间的差异，别的孩子在某方面好，可是自己家的孩子也有过人之处。最好的教育是，家长能够发现自己孩子的优点和缺点，让孩子能够发挥优势，学习别人的长处，弥补不足。

再次，聪明的家长擅长通过赞美和肯定孩子，激发孩子的主观能动性，让孩子自发地、积极地把自己塑造得更好。每个孩子都希望得到父母的肯定，以获得存在感和自我满足感。所以，家长不要吝啬对孩子的赞美和夸奖，当然也要擅于观察孩子，从他们身上找到闪光点。但是家长对孩子的赞美不是越多越好，而是要适度。家长对孩子的表扬能够激发孩子的积极性，使他们更加有动力去做好自己的事情。同时，家长和孩子之间的互动能够促进亲子之间的情感交流。父母给孩子适当的肯定和赞扬，能激发孩子对父母的感激之情，孩子也会更尊敬、更信赖父母。

最后，父母对待孩子的态度要诚恳。我们知道孩子的心灵是脆弱且敏感的。父母的一举一动、一言一行对于孩子来说，都能够起到很大的折射作用。孩子能够感觉到父母内心的想法，如果爸爸妈妈有轻视孩子的想法，或者是通过和别人家的孩子进行对比来贬低孩子、讽刺孩子，孩子便会在第一时间做出反应，并且用不礼貌的行为和言语回击父母。这时父母才意识到自己的错误就已经晚了，孩子的内心或许已经受到了伤害。所以，家长在面对孩子的时候，要注意语气，面对低幼年龄的孩子，在口头表扬的同时，可配合举举大拇指、摸摸头、拍拍肩等身体语言，强化夸奖的效果；而对大年龄和性格腼腆的孩子，可以配合使用亲切的眼神和适当的手势。家长诚恳的态度，加上积极的表扬和暗示，让孩子感受到父母对他们的爱和欣赏，可以使孩子树立起自信心，促使自己不断取得进步。

 ## 用好"罗森塔尔效应"，给孩子积极的心理暗示

在之前的内容中，我们已经提到了"罗森塔尔效应"，它说的是一个人接受了什么样的心理暗示，就会在潜移默化中做什么事。这一法则可以很好地运用在孩子身上。如果家长能够传达给孩子一些正面的、乐观的、积极的心理暗示，那么孩子在缓慢的成长过程中，也能形成一些很好的习惯。

小正是一个五岁的小男孩，他的妈妈在平常的生活中非常擅于运用"罗森塔尔效应"给孩子一些积极的心理暗示。现在的小正不仅生活习惯很好，而且在个人素养方面也是非常优秀的。举例子来说，小正某天穿了一件自认为很漂亮的衣服去幼儿园，本来是高高兴兴地出门的，可是回到家的时候却很沮丧。妈妈问他发生了什么事情。小正说幼儿园的小朋友都笑话他穿的衣服丑，所以不开心。妈妈听了，上下打量了孩子一番，很认真地说："没有啊，我觉得你的衣服很漂亮呀，你看……"听了妈妈的话，小正变得开朗起来了，积极地回应妈妈："我觉得也很漂亮！"

小正在幼儿园的时候，已经学会写很多汉字了。可是小正有一个坏毛病，就是总是会把汉字写得歪歪扭扭。老师总是提醒他要认真写字，可是小正因为坐姿不正确这个习惯已经养成，一时很难纠正过来。可是妈妈没有放弃，她总是和颜悦色地对孩子说："我相信你可以改正坐姿不端正、写字歪歪扭扭的毛病的！"时间一天天过去了，妈妈每天都会督促孩子写字看书的时候保持正确的坐姿，小正写完作业，妈妈也会耐心地检查，而且妈妈会很仔细地找出小正有进步的地方，并且会给他提出表扬。一段时间下来，小正养成了保持正确坐姿的好习惯，写的汉字不仅

不歪歪扭扭了，而且还特别漂亮，连老师都惊讶在小正身上发生的变化。

这就是"罗森塔尔效应"带来的效果。这一效应告诉我们，对一个人传递积极的期望，就会使他进步得更快，发展得更好；反之，向一个人传递消极的期望则会使人自暴自弃，放弃努力。所以，聪明的家长一定要善于使用"罗森塔尔效应"，在平时的生活中多给孩子一些积极正面的暗示。孩子能够接受到正面暗示的影响，慢慢也就能达成美好的愿望或目标。

家长会问，孩子为什么能够在接受了积极的暗示的情况下，变得更好呢？我们知道，心理暗示可以对人的行为受到影响。暗示作用往往会使人不自觉地按照一定的方式行动，或者在不经意间接受一定的意见或信念。所以，孩子接受到大人积极的暗示，能够不同程度地进行下意识的改变。而改变和发展的方向都是积极、阳光的，所以孩子自然也就越变越好了。

另外，我们发现，人们会不自觉地接受自己喜欢、钦佩、信任和崇拜的人的影响和暗示。孩子也同样如此，他们期望自己能够像崇拜的人那样，变得更加坚强和独立，所以家长应当为孩子扮演好最佳的崇拜对象的角色。因为家长是孩子的第一任老师，孩子的很多习惯、品性都来自父母。如果父母能够严格地要求好自己，对孩子来说，无疑是最好的暗示。孩子每天都能够接受到父母正面、健康的影响，这样的暗示作用往往能取得意想不到的效果。同样的道理，如果父母没有主见，又不能很好地要求自己，给孩子起到的就是负面的影响。这相当于给孩子的成长造成了阻碍，这时即便父母再怎么管教和督促孩子，起到的效果也不理想。

在平时的生活中，父母应该怎样给孩子传达一些积极的心理暗示呢？当然，适当的夸奖和赞美是最为必要的。俗话说，好孩子是夸出来的。当然夸奖也有方法，不能一个劲儿地赞美，这样孩子容易滋生骄傲自满的心理。需要在夸奖的同时，有意识地对孩子进行积极的心理暗示，比如暗示孩子"你可以做得更好""这些困难都不算什么，我们相信你能够

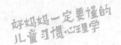

应对好的"。父母的表扬、赞美和肯定，能够给孩子提供最大的安全感，孩子内在的潜能能够得到激发，这无形中就增强了他们战胜困难、把自己塑造得更好的信心。久而久之，孩子自然能够成为自信豁达的人。

我们每天都在接受别人的暗示，但是并不是所有的暗示都是积极的。孩子们面对的情况也是这样，完全避免负面的暗示是不太现实的。但是家长可以做的很多，来帮助孩子抵御负面暗示的危害。比如不要动不动就评判孩子，孩子犯了一点儿错误就指责他们的不是。这样往往会给孩子不好的暗示，孩子觉得自己不是"好孩子"，不受爸爸妈妈喜欢，内心的安全感和存在感就会降低，这样他们就可能向着不好的方向发展了。暗示起到了相反的作用，我想这是所有家长都不愿意看到的。

家长只有运用好"罗森塔尔效应"，给孩子积极的心理暗示，孩子在面对生活、学习时，才能用更加积极乐观的态度面对，在自我发展的过程中逐渐地成熟起来。

"罗森塔尔效应"对比

面对的情况	积极的暗示	消极的暗示
孩子犯了错	知错就改，仍是好孩子	批评、指责
不愿意与家长交流	寻找与孩子的共同话题，慢慢引导，建立彼此之间的情感	冷战
遭遇困难	相信孩子有能力克服	我不行，我很失败
受到不公正的待遇	积极地去应对	逃避

 ## 甘地夫人法则：引导孩子从容面对挫折

大多数家长都愿意做孩子的保护伞，他们觉得孩子还小，很多事情自己没有能力承担，所以遇到一些困难、挫折的时候，往往都会选择代替孩子承担下来。当然，这样的做法在一定程度上让孩子免受了心理的压力，但是同时孩子也失去了锻炼自己的机会。我们看到，在一群孩子当中，有的孩子面对挫折时，能够有一定的能力去应对和克服，而也有的孩子则完全没有应对能力。孩子们不同的表现，就来自他们在成长过程中所接受的锻炼不同。

小裴是一个十岁的男孩，就在他十岁这一年，遭遇了重大的人生变故。小裴的父亲因为车祸不幸离开了人世。刚开始，妈妈担心孩子承受不了这样的事实，所以选择不告诉孩子，让孩子能够安心学习和生活。但是，小裴渐渐发现了端倪，他好几次问妈妈："为什么好长时间都没有看到爸爸？他是不是不要我们了？"孩子的心灵是脆弱且敏感的，他似乎能够体会到妈妈的不易。妈妈见事情可能瞒不住了，同时想到孩子应当有知情权，所以就选择了一个合适的时机，对孩子说明了真实的情况。小裴要比想象中坚强，他在度过了一段很艰难的自我挣扎期后，勇敢地对妈妈说："妈妈，我应该早些知道这些事情的，你以后可以不要瞒着我吗？现在我已经长大了，我是男子汉啊，以后就换我保护你了！"

听完小裴的话，妈妈感动得哭了。妈妈一直以为孩子还小，承受能力有限，害怕孩子承受不了这样的事实；没有想到孩子比自己都要坚强，所以更加有勇气面对生活、照顾好孩子。

在以上的案例中，我们看到一个年仅十岁的小孩子拥有常人难以想象的抗挫折能力。我们有理由相信，孩子远比我们想象的要坚强。因此每个父母首先应该相信孩子，相信他们有能力去应对生活中所遇到的挫折，不要一发生困难的事情就想着代替孩子去承担，这样是不利于孩子成长的。

面对这种情况，家长都应该记住甘地夫人法则。甘地夫人法则讲的是甘地夫人的儿子拉吉夫十二岁时，因病要做手术。面对紧张、恐惧的拉吉夫，医生打算说一些"手术并不痛苦，也不用害怕"等善意的谎言。可是甘地夫人却认为，孩子已经懂事了，那样不好，她阻止了医生。她平静地告诉拉吉夫："手术后有几天会相当痛苦，这种痛苦谁也不能代替，哭泣或喊叫都不能减轻痛苦，可能还会引起头痛，所以你必须勇敢地承受它。"手术后，拉吉夫没有哭，也没有叫苦，他勇敢地忍受了这一切。

所以说，有时候让孩子知道真相并不是坏事。只有这样孩子才能够意识到很多问题不是逃避能够解决的，他们才能够调整自己，拿出勇气和信心，客观地认识周围的事物和环境，根据自身的条件去想办法应对。这样的过程，虽然有些痛苦，但是孩子得到的是宝贵的经验，这将是他们一生受用的宝贵财富。

当然，敢于让孩子知道真相，让孩子勇敢地面对挫折、接受挑战，这仅仅是家长需要做的第一步。家长也必须知道，孩子毕竟不像大人有很好的抗压力能力和丰富的抗挫折的方法，很多孩子也会遇到不敢面对、丧失信心的情况，这是客观事实。所以，家长要做到且要做好的另一件事情就是引导孩子从容面对挫折。

在孩子成长的过程中，既会有成功的愉快体验，也会不可避免地遇到各种困难和挫折。当困难出现时，很多孩子常常会选择逃避，这是人性本能。但是每个人都是从困难中成长起来的，可以说没有困苦就没有成功。所以孩子应当知道有些困难是无法避免的，即便现在躲开了，以后还是会遇到。因而家长要引导孩子勇敢面对，让孩子自己多多尝试，让他们从经历中总结教训，这样的经验往往更为重要。

当孩子在生活和学习中遇到困难时，家长应教育孩子克服依赖思想，鼓励孩子独立面对困难。只有当孩子充分地感受到挫折带来的痛苦体验时，才会激发他们考虑如何解决问题、克服困难。若这个过程经常得到强化，孩子就会在挫折情境中由被动转为主动，从而战胜困难。

如果孩子在童年时期没有面对挫折的经验，长大以后就无法更好地战胜挫折。教会孩子勇敢地面对挫折，不但能使孩子在今后的人生道路上可以走得更加平稳，父母也少了许多不必要的麻烦。但这种教导要从孩子还是幼儿的时候就开始，从小培养他们直面挫折的意识和勇敢承受挫折的能力。

教会孩子面对挫折、战胜挫折，关键是要顺其自然，顺应孩子的发展规律。在生活中潜移默化地培养孩子承受挫折的能力，让孩子明白生活有苦有乐，还孩子以生活的本来面目。让孩子认识挫折，经历挫折，从而学会战胜挫折的本领。

家长该怎样让孩子坦然面对失败呢？

1. 磨炼孩子的意志，锻炼他们的心理承受力。

2. 勇于面对失败，尽最大努力将失败转变成经验。

3. 用信任、理解、鼓励等方式引导孩子走出因害怕失败而自我欺骗的泥潭。

4. 用客观的心态呈现给孩子真实的世界，要孩子正视现实，认识它、驾驭它。

5. 用宽容的心态接纳孩子的失败，帮助孩子找回自信。

Part 10
爱得多不如爱得对，给孩子恰如其分的爱

 给孩子适当的爱，防止孩子患上"心理性矮小症"

在生活中，很多家长常常会担心孩子的生理健康问题，尤其是注重孩子的身高和他们年龄的比例。有的孩子生长发育不正常，出现了身材矮小、身高不足的情况。家长会通过补钙、锻炼等方法帮助孩子。可是孩子的心理问题，很多家长就注意不到。比如当孩子缺乏关爱的时候，他们就会患上"心理性矮小症"。

大壮是一个六岁的小男孩，从他的名字就可以看得出来，他的爸爸妈妈希望他身体健康，长得结实强壮。可是事情总是不能如人所愿，六岁的大壮不仅身材矮小，而且常常因为个子长得矮而被小伙伴们嘲笑和欺负。因此大壮不太爱说话，有时甚至不愿意去交朋友，慢慢地性格也变得内向起来。

　　大壮的爸爸因为工作关系常年在外，很少能够回到家中照顾孩子。大壮的妈妈在孩子五岁的时候，因为和大壮的父亲性格不和，最终选择了离婚。这样，大壮就由他的爷爷奶奶照顾了。这次爸爸回到家中，发现大壮的身高明显要比同龄的孩子都矮一截，而且孩子明显不如以前活泼了，和他说话的时候也总是低头不语。爸爸担心孩子会患上抑郁症之类的心理疾病，就赶紧联系去看医生。

　　经过检查，医生说孩子可能是患了"心理性矮小症"。孩子长期得不到父母的关爱会致精神压抑，精神压抑会导致孩子的睡眠情况和饮食情况等受到影响。如此，孩子的脑垂体分泌的生长激素就会受到抑制。因为生长激素的分泌减少了，生长发育自然就减缓，所以他就比同龄人要矮。如果不及时给孩子提供帮助，满足他的心理需要，孩子的各个身体指标和心理健康就会受到影响。

　　听了医生的解释，大壮的父亲想了很多。他明白确实是大人的原因，才让孩子的身心健康受到了损害。在以后的生活中，大壮的父亲很注意孩子的生理和心理健康，在工作之余就陪着孩子，并且允许孩子常常去见自己的母亲。一段时间后，大壮的情况果然得到了好转。

　　"心理性矮小症"是美国著名的精神病学家霍劳博士提出的。他指出：孩子长期生活在精神压抑、无人关心或经常挨打受骂的家庭环境中，就会引起体内激素分泌的减少，导致生长发育障碍。同时孩子的心理健康也会受到很大的影响。

　　家庭是孩子出生后很长一段时间里生活的地方。家庭的气氛会直接影响孩子的身心健康。在多数家庭里，孩子能够生活在舒适的环境中，得到爸爸妈妈周到细心的照顾。他们的身心发育都处在正常的状态。但是也会有很多孩子没有这样幸运，他们缺少父母的关爱和照顾。有的父母常常还会在孩子面前吵架，把孩子当成"出气筒"。在这样的环境下，孩子的精神常常处在紧张状态，他们感受到的是亲情的冷漠。他们的活泼天性被扼杀，慢慢地养成了不好的习惯。还有的家庭，父母长期不在孩子身边，由孩子的爷爷奶奶帮助抚养孩子。隔代教育毕竟是有局限的，孩子仍会感受到自己被忽视、不受爸爸妈妈的喜爱，从而丧失安全感和存在感。在和他人相处的时候他们也会不自觉地感到低人一等，进而影响其性格等方面的塑造。也有的父母虽然每天都和孩子生活在一起，但是夫妻两人都不太重视孩子的心理成长。他们总是忙着工作，认为给孩子提供优质的物质生活就是对孩子的爱。但其实对于孩子来说，他们的成长过程最需要的是爸爸妈妈的爱和教育，这远比物质方面的供给更为重要。

孩子需要父母的爱和关怀，每个家长都有责任、有义务给孩子制造一个温馨、利于成长的环境。孩子能够得到来自爸爸妈妈的关怀，他们的内心能够获得巨大的满足，自身的成长发育自然会恢复到正常水平。当孩子的内心不再感觉孤独，而是被安全感和存在感占据着时，自然不会患上"心理性矮小症"或是其他的心理疾病，孩子的心理健康也就得到了保障。

家长还要注意，要用恰当的方式表达对孩子的关爱。不要因为关爱过度发展成了溺爱，这也不利于孩子的发展。父母在给孩子提供关心和爱护的同时，也要制造机会让孩子多和同龄人接触，引导他交朋友，鼓励孩子参加集体活动，让孩子每天都能够在健康、积极的环境中成长，促进他们的身心健康发展。

导致孩子患上"心理性矮小症"的主要原因

1. 夫妻俩常年在异地工作，或者每天早出晚归，和孩子近距离接触的时间很少，几乎不知道孩子的生活和学习状况。

2. 夫妻离异后，有了各自的生活，对孩子疏于照顾关心。孩子从小缺乏安全感，也不爱与人交流，性格变得孤僻。

3. 夫妻关系不和，经常争吵争执，甚至为了琐碎的小事打闹，也不顾及孩子是否在场、有何感受。

4. 夫妻俩注重个人生活，对孩子他们往往只提供物质需要，很少过问精神感受，孩子感受不到和谐的家庭气氛。

5. 夫妻脾气不好、急性子，动不动就批评甚至打骂孩子，很少给孩子适当的鼓励和安慰。

6. 孩子平时不爱说话，父母只单纯理解为性格内向，不太注意观察孩子性格，忽略了孩子是否有自卑或自闭倾向。

7. 对孩子要求高，要求孩子各方面都做到最好，一厢情愿以为是为孩子好，不管是否超过了他们的承受范围。

 ## 以孩子习惯的方式表达对他们的爱

每个父母都很爱自己的孩子，可是不同的父母表达爱的方式各不相同：有的父母认为给孩子提供优越的物质生活，就是对孩子的爱；有的父母觉得每天都能陪在孩子身边，教育他们，和他们一起生活就是对孩子的爱；也有的父母信奉"棍棒底下出孝子"，认为对孩子严厉就是爱；当然有的父母也会十分宠溺自己的孩子。爱的表达方式不同，往往也塑造了不同性格、不同习惯的孩子。可是，不知道家长有没有想过，孩子真正想要的爱的形式是什么样的呢？

一位心理学家针对不同年龄的孩子做了问卷调查。心理学家的问题是："你们希望自己的父母如何爱自己?"孩子们的答案千奇百怪，有的说："我希望爸爸妈妈不要对我那样严厉，如果他们和我在一起的时候能够再温和一些，我想我会更爱他们!"有的说："我的父母希望我考出好成绩，所以他们总是要求我这样或那样，可是这些我并不喜欢，如果爸爸妈妈能够尊重我的意愿，也许我会比现在更努力!"也有的说："我觉得现在就很好，我的父母都非常重视我，我们能够愉快地聊天，还能一起学习，我想他们是称职的父母，当然我也会更加努力，不让他们失望!"

……

看来每个孩子都有自己的想法，他们有的非常享受父母的关爱，当然也有的孩子仅仅只是设想了一些爸爸妈妈可能发生的变化。但是他们都是爱着父母的，同样也希望父母能够用自己想要的方式对待自己。问卷调查结束后，这位心理专家又问了孩子们一个问题，就是孩子们敢向父母提出自己的想法和要求吗？很多孩子都有向父母表达自己的意愿，但是他们不敢表达，理由是不知道该如何告诉父母，因为父母总是会认为自己的想法和做法都是对的。

通过这个案例，我们了解到了很多情况，其中一个最关键的问题就是有很大一部分孩子有改变父母对待自己的方式的意愿，但是他们局限在了不知道该如何向父母表达的问题上。原因在于家长习惯了用自己认为对的方式去表达对孩子的关爱，可是对于孩子而言，他们或许并不希望得到这种方式的爱。这样矛盾就产生了，家长付出的关爱，却不能被孩子接受，所起到的效果自然就打了折扣。这个问题家长和孩子都有责任，但是孩子毕竟年龄小，他们的认知和经验，以及各种观念还不完全成熟，对于孩子的要求自然不能太高。但是就家长而言，在这一点上就应当引起注意了。或许有很多家长固执地认为自己对待孩子的方式就是最好的，可是我们还是建议家长适当地听听孩子的心声，尝试去真正走进孩子的内心，以孩子喜欢、希望和习惯的方式去表达对他们的爱。

当然，每个父母都有自己的理念，并有教育引导孩子的方式，这样的教育方式也许还是有效果的。我们在这里并不是反对家长的教育方式，而是提醒家长能够多去听听孩子的意愿，进行一些调整，这样可能会更加适合自己的孩子。都说因材施教是最好的教育，现在的家长也许已经做得很好了，不过家长可以做得更好一些。这对实现孩子们真正的自由成长和发展是有益的。

儿童教育学家蒙台梭利在她的文集中提到，要给孩子们"爱和自由"。她的很多教育理念都是值得家长们去深入挖掘的。这对孩子们获得更好、更高质量的教育是有帮助的。家长应该想办法让孩子的身体和心理都能实现最大化的健康成长和发育。

做到这些并不容易，但是家长可以一点点地去改变，而实施改变从聆听孩子的心声开始。每个孩子都有和父母畅谈、交流的需要。这不仅仅是孩子表达自己的观点和意愿、表达对父母的信赖的时刻，也是家长了解、探知孩子内心诉求的时刻。智慧的家长善于利用和孩子沟通的机会，发现问题并尝试解决问题，因而他们能够和孩子相处得很好。孩子能接受到的关爱和正面教育就有效很多。这是其他家长可以借鉴的地方。在具体的实施过程中，家长可以在孩子有谈话意愿的情况下，主动和孩子沟通、分享，同时也给孩子制造表达自己想法的机会。孩子通过轻松愉悦的聊天方式，既和父母沟通了情感，又让父母知道了自己的观点和意愿。父母可以根据孩子的要求、愿望，及时地调整自己的教育引导方法。当父母发生改变的时候，孩子自然能从这些变化中感受到父母的爱意，自然也能更好地爱父母，和父母一起成长。

家长怎样做才符合孩子的要求？

1. 创造充满爱意的家庭；

2. 善于控制自己的情绪；

3. 不要惩罚孩子；

4. 给孩子提供合适的帮助；

5. 经常和孩子沟通想法；

6. 从不说伤害孩子自尊心的话；

7. 答应孩子的事情一定要兑现；

8. 孩子犯了错的时候给孩子改正的机会；

9. 鼓励、肯定孩子；

10. 不宠溺孩子，适当满足孩子的要求。

 ## 不让孩子生活在溺爱的家庭中，警惕养出"心理肥胖儿"

很多家长都会这样想，如果自己不能给孩子足够的爱，孩子就容易感到孤单，这是父母的失职。因此，很多父母都会一意孤行地尽力满足孩子，不论是物质方面的帮助，还是平时生活中的关爱和照顾。但是，家长们忽视了一个问题，如果家长不加节制地满足孩子的需要，久而久之孩子就会认为这些都是理所应当的，这实际上会在各个方面影响孩子的发展。

帅杰是一个初中生，他是一个在溺爱家庭中长大的孩子。平时他的学习成绩不是很好，而且是个出了名的不守规矩的人。上课的时候，他很少会认真听讲，大多数的时候都在看漫画，还偷偷地吃零食，全然不顾老师和同学的存在。课余时间，别的同学都组织娱乐活动，只有他不愿参加，有时还故意捣乱……老师曾经好几次就帅杰的表现请了家长，可是他的父母却不以为然，他的妈妈甚至还袒护自己的孩子说："我儿子脾气就是差了一些，不喜欢别人管他，在家里也是这样的！"

后来，情况变得越来越糟。帅杰非但没有改正坏毛病，而且变得越发蛮横。同学们跟他讲道理，他一点儿都听不进去，还养成了一些不良习惯，把妈妈给的零花钱用来买烟，在厕所偷偷地抽，后来还沉迷上网，偷家里的钱请别人吃饭。他的父母发现的时候，才意识到了问题的严重性，感到追悔莫及，可是却不知道该怎么办才能让孩子变好。

原来帅杰养成不良习惯是有原因的，最开始就是来自父母的溺爱。帅杰小的时候一直跟着爷爷奶奶生活，读小学的时候才被接到城里的父母身边。帅杰的爸爸妈妈总觉得孩子和自己不亲，觉得是当父母的亏欠了孩子，于是对孩子百般顺从，有求必应。渐渐地，帅杰从一个乖孩子变成了一个小霸王，一旦家长满足不了他的要求，就大发脾气，认为父母不爱自己，还用各种理由威胁父母。就这样变成了现在这个样子。

古人说"溺子如杀子"，的确如此。在溺爱中长大的孩子，在家中依赖父母，在学校依赖同伴，缺乏创造力和独立自主的能力，这些都是他们日后生活、学习中最要不得的。这样的孩子通常自私自利，不懂得尊重他人和爱惜物品，脾气暴躁，有的甚至还会养成各种各样的坏习惯。

在一个家庭中，父母过于溺爱孩子，只要孩子有需要，就无条件地提供帮助，时间久了，孩子慢慢就会养成衣来伸手饭来张口的毛病。这实际上是剥夺了孩子依靠自己生活的能力。孩子在父母的溺爱中，变得懒惰、自私、约束力差，所以父母对孩子无节制的爱实际上是在害孩子。每个家长都应该反思一下自己是如何对待孩子的。是否是因为父母总是按照自己的想法去爱孩子，事事都大包大揽，才导致孩子变成一个不守规矩、不懂得约束自己，还很自以为是的"心理肥胖儿"？

因此，父母必须改变自己对待孩子的态度和方法，要给孩子正确且适当的关爱。那么，什么样的爱才是孩子真正需要、能够接受的？什么样的关爱对于孩子来说过于沉重，不利于身心健康的发展呢？

首先，家长要注意，不要对孩子给予"特殊待遇"。很多孩子生活在父母精心创建的溺爱环境里。他们在家里能够享受到很多特殊的待遇，处处受到"高人一等"的照顾。爸爸妈妈对孩子的照顾可谓"捧在手里怕摔了，含在嘴里怕化了"。在这样的环境下，孩子必然恃宠而骄，滋生优越感，变得自私，没有同情心，不会关心他人。其次，家长不要无条件地满足孩子提出的一切要求。毫无原则地满足孩子，孩子就会认为这些都是自己理所应得的。这样他们就不会对父母抱有任何感激之心，不懂得珍惜，还会变得重视物质享受，毫无忍耐和吃苦精神。当父母没办法满足自己时，就脾气暴躁，难以自控。最后，父母不要对孩子过分地保护。很多父母出于对孩子的保护心理，生怕孩子遇到一点点挫折和打击，于是时时刻刻把孩子放在眼皮底下，不让孩子经历任何困苦。这样孩子慢慢就会过度依赖父母，变得胆小无能，造成性格缺陷。有时，孩子犯了错误，家长也视而不见，或是袒护孩子，给孩子找各种借口。在这样的环境下，孩子的是非观念不清，长大后也很容易造成更大的麻烦。尤其有的孩子自身比较娇弱，比如胆子小、怕生，父母更是会百般呵护。这样看似给了孩子很多特殊的保护，但是反而加重了孩子懦弱的心理，对他们以后性格的形成也非常不利。

由此可见，在溺爱环境下长大的孩子，容易养成骄傲、任性、自私、虚荣、孤僻的性格缺点。父母对孩子的溺爱实际上是对孩子的伤害。这就需要家长提高警觉，根据以上列举的事项在日常的生活中注意对待孩子的方式，培养孩子的好习惯。

特别提醒

随着生活水平的不断提高、膳食结构发生改变，儿童肥胖症呈显著增多的趋势。现代医学认为，如果儿童体重超过同性别、同身高正常儿童均值的 20% 以上，就可判断为肥胖症。

造成孩子肥胖的原因有：第一，家长认为孩子处在长身体的阶段，对孩子吃得多长得胖持宽容态度。但实际上这是错误的传统观念。现代人更讲究膳食营养，满足孩子身体的营养需要，才能让孩子有一个健康的身体。第二，孩子养成了不正确的进餐习惯。孩子不懂得营养知识，总是对自己喜欢吃的不加节制，不喜欢吃的很少吃或从来不吃，这样就造成了身体营养失衡，进而导致身体瘦弱或肥胖。同时研究表示，心理作用对人的身体有调节作用。当人在心理不受任何约束的情况下，身体也会呈横向发展的趋势。

好家长不强求，给孩子天性生长的空间

相信很多家长对这样的情景感同身受：

妈妈端着碗追着孩子喂饭："再吃一点儿吧，为了你的身体健康！"爸爸严厉地对孩子说："又犯同样的错？怎么不长记性！"家长给孩子报了兴趣班，可是孩子不喜欢，父母苦口婆心："都是为了你的将来好！"在这些情景中，有一个共同的特点——父母总是打着"为了孩子好"的旗帜，强求孩子按照自己的意愿做这做那。孩子不是出于自愿去做事情，他们自然不配合。

王敏是一个初中生，她的妈妈非常在意她的学习和成长，总是会对她做很多要求。比如每天都会监督王敏做作业、背单词。这些都还是小事，王敏也能理解妈妈，毕竟妈妈都是为了自己好。可是，妈妈没有在王敏同意的情况下，就替她报了兴趣班，学习弹古筝。王敏是一个大大咧咧的孩子，对弹古筝一点儿兴趣都没有，但是妈妈却说："这都是为了你好，有一门拿得出手的才艺，将来也是一张很好的名片啊！"王敏不以为然，但是她又不想违逆妈妈的心愿。因为妈妈总是唠叨："在妈妈小的时候，没有这样好的经济条件，所以非常想要学一些才艺，却不能如愿。现在是多好的机会啊！"在妈妈的软磨硬泡下，王敏只能放弃自己热爱的排球，选择学习弹古筝。

一位家庭心理咨询师曾说：在家庭中，妈妈有着强大的心理需求，但是这些需求都被高尚的托词掩盖了。而这些托词，就是"为了孩子好"，比如强求孩子按照妈妈的意愿做事就是其中之一。从心理学的角度上讲，其实在每个父母的心中都藏着两个"我"，一个是"外在的自我"，

即现实中父母应当扮演的引导教育孩子的角色；另一个是"内在的自我"，这个自我比较在意本身的需求，会将孩子的童年与自己的童年记忆进行对比。父母对孩子要求严格，希望孩子能够按照自己的想法去做事，实际上是将自己的愿望理想化了。他们把孩子当成了自己，认为自己能够完成的事情或者有意愿去做的事情，孩子也能完成，把"内在的自我"投射到了孩子的身上。而我们知道，孩子三岁以后就形成了自我意识，他们有自己的思想和心愿，根本不愿意凡事都听从父母的安排。因此，父母总是按照自己的想法要求孩子，其实是一种自我满足。如果孩子顺从自己的心愿，父母就会觉得放心、满足，因为他们的愿望得到了满足，内心得到平衡；如果孩子的自主意识比较强，不愿听父母的安排，父母就会感到伤心、失望、不满足。所以说很多问题的根源出在父母身上。所以当家长遇到孩子不听话、违逆自己的心愿等问题时，最先要做的就是反省自己。

在家长对孩子提出要求时，如果孩子妥协，顺应父母，其实受伤害和牺牲最大的是孩子。孩子需要对自己真实的意愿进行压抑，去不断满足父母的要求，这样孩子的天性就得不到发展。蒙台梭利曾指出，遵循孩子的天性发展，是对孩子最好的教育。然而很多父母在这一点上，却做得不好。这样的父母在打着"我所做的一切都是为了孩子好"的口号的同时，其实内心是一种自以为是的态度。他们希望自己能够掌控孩子的一切，让孩子变成乖乖听话的样子，以不断满足自己内心的愿望，实现自己内心的心理平衡。因而，很多父母所谓的"为了你好""为了你的将来着想"隐藏的意思就是，让孩子成为父母心中理想的样子，这样父母也会觉得特别有面子。其实父母在乎的是自己的利益。对于孩子来说，如果父母的想法不符合自己时，他们就会极力地想要摆脱父母的约束，这样矛盾就产生了。

还有一种情况是，孩子因为年龄小，自主意识还不成熟，他们不知道什么对自己好，所以习惯了听从父母的安排，这就加深了大人按照自己的意愿和主张要求孩子的心理。孩子是因为缺乏对自我的认知，所以才会希冀借助父母的帮助，能够认识自己、了解自己，学会思考，学会各种生存的能力。但是父母想不到这些，他们乐于按照传统的方式，自认为要求孩子做的就是对的，是有益于孩子成长的。当然，很多孩子都是在这样的环境下成长起来的，但是我们发现这样的孩子长大后往往习惯跟从、听别人指挥。虽说性格没有优劣之分，但是父母的教育方式确实对孩子造成了很大的影响。

其实，惯用自己的想法要求孩子的家长，他们本身的意愿也并不是这样。父母并没有意识到自己的行为已经对孩子造成了很大的影响。有的父母其实对这也表示反感，因为他们在童年的时候也会受到这样的对待，所以总是想要对自己的孩子好一些，但是却在不经意间也复制了长辈的"老一套"，把希冀寄托在了下一代的孩子身上。父母的这种"无意识行为"，却是以孩子的成长发展为代价的。所以，智慧的家长应当懂得尊重孩子，顺应孩子的天性发展，而不是按照自己的意愿强行要求孩子。

家长怎样表达对孩子的尊重？

1. 不强求孩子。遵循孩子的意见，让他们按照自己的想法去做事。

2. 了解孩子的极限。父母应该清楚地知道，哪些是孩子不愿意做的和不能接受的。

3. 给孩子选择权。生活中、学习上遇到了问题，可以让孩子自己做决定，并为所做的决定负责。

4. 培养孩子的独立意识。大胆让孩子去尝试，不要总是担心孩子会遇到麻烦。

5. 不做交易。有的时候孩子发脾气是因为不理解，需要父母耐心教导，父母不要动不动就给奖励或惩罚。

6. 请孩子做事，而不是命令。可以对孩子说"请""谢谢"，注意语气的温和。

"过"与"不及"的养育习惯，都会让孩子患上"母源病"

生活中，很多父母养育孩子的方式并不正确。有的父母太过于宠爱自己的孩子，有的父母又对孩子太严厉，这样"太过"和"不及"的关爱，往往会对孩子心理造成严重的影响。孩子慢慢变得太过于依赖父母，或是变得特别孤立，这些对孩子习惯的养成、性格的塑造都是不利的。如果孩子在成长过程中缺乏安全感的建立，就会对他的母亲产生依恋情绪，孩子可能因此患上"母源病"。

冬冬是一个五岁的孩子，他从小是在"蜜罐"里长大的。他的爸爸比较坚持"放养式"教育，但是妈妈觉得这样不好，孩子如果不能接受到来自父母的关爱，会不利于他内心安全感的建立。于是妈妈格外地宠溺孩子，冬冬想要什么礼物，妈妈总是会很快买给他；冬冬提出一些要求，即便是不太容易实现的，妈妈也会尽力想办法去做。在妈妈无微不至的照顾下，冬冬非常依恋妈妈，遇到什么事情都要咨询妈妈的意见，就连上厕所这些小事都要问个没完没了。虽然有时妈妈也会对此表示很无奈，但是非常享受孩子依恋自己的过程。有的家长建议冬冬的妈妈，不要太让孩子依赖妈妈，这样不利于孩子独立性的培养。但是冬冬的妈妈觉得等孩子长大了就不会这样了，为何不让孩子在年幼的时候充足地享受母爱呢？

另一位妈妈养育孩子的方式完全不同，她奉行让孩子从小就养成独立自主的好习惯，于是凡事都严格要求自己的孩子。有的时候遇到很多孩子无法办到的事情，她也会毫不犹豫地让孩子自己去做，站在一旁观察孩子的反应。如果孩子有退缩或是求助他人的情绪反应，妈妈就不停地鼓励孩子，直到孩子实在无力完成、打算放弃时才去帮忙。在这样近乎严酷的教育方式下，这个孩子变得非常自立，但是同时也不太信赖他人。他的妈妈一直坚持不要让孩子产生过多依赖心理，但是殊不知，这样的方式也会使孩子从小生活在"孤独"的气氛中，导致他缺乏同理心，进而产生各种心理问题。

以上两则案例，一位妈妈采取了给孩子充足的关爱，另一位妈妈则选择让孩子摆脱"心理依靠"，这两种方式其实都是比较极端的。在第一种环境下成长的孩子被宠爱包围，养成了依赖习惯，以后的生活很可能就会缺乏独立性。他可能会不断地要求父母，对妈妈过分地依赖，产生"母源病"，甚至形成恋母情结。而在第二种情况下，孩子往往会因为缺乏关爱变得孤僻，甚至是自私。以后如果遇到稍微对他施加爱心和善意的人，就会变得非常依恋，因为他们的内心深处非常渴求别人的关爱。总之，孩子在母爱泛滥和缺乏关爱这两种环境下，都是非常不利于他们内心的成长和发展的。

我们了解一下什么是"母源病"。"母源病"这一概念最早是由日本教育学者提出的，它指的是孩子在家庭教育方式不正确的情况下，孩子形成的一种对母亲过度依赖的心理疾病。"母源病"的危害可能很多家长还不太清楚。孩子患了这一心理病症，就会出现过度相信母亲的话，对母亲的安排唯命是从，不愿意和母亲分开，做事没有自主性，缺乏独立生活的能力，性格懦弱，不敢与外界接触，甚至讨厌自己的父亲等一系列不正常的病症。

"母源病"的危害是巨大的，严重的孩子还会出现难以教育和导正的情况。所以家长在培养孩子的时候，一定要注意给孩子适当的关爱。不要"太过"也不要"不足"，给孩子患上不健康的心理疾病提供温床。当孩子出现一些不正常的情况时，家长可以采取立即停止高度溺爱或不理不睬的不良教养方式，采用正确的教育方式抚养孩子。给孩子适当的照顾与适度的放任，让孩子的内心能够达到平和，这样他们才能够正确地看待事物，认知自己。

但是，家长不禁会问，什么样的方式才是适度的呢？专家认为，母亲在育儿时，应按照孩子成长的三个阶段，采用相应的方式来抚养，不要让自己和孩子有过大的压力，这样就可以避免孩子患上母源病的危险。孩子成长的第一个阶段是 0～1 岁，在这个时期孩子还没有自理能力，母亲的关怀和无微不至的照顾是孩子最需要的，所以在这段时间，妈妈就可以充分发挥母性本能，给予孩子温柔的关爱和呵护。妈妈可以对宝宝微笑，和孩子说话，用抚摸、拥抱、亲吻等方式，让孩子感受到关爱，建立孩子的安全感。孩子成长的第二个阶段是 1～3 岁，这时的孩子已经具备了一定的行动能力，而且随着感官的发育，对周围的事物开始形成认知，这时妈妈就要注意让孩子感受到来自其他人的爱护，比如让爸爸、爷爷奶奶等亲人照顾孩子，培养他们之间的情感，避免孩子过度依恋母亲。3～6 岁期间，是孩子成长的又一关键时期，这时孩子会产生更高的心理需求，比如存在感、成就感等，这时候家长就可以让孩子多交朋友，扩大孩子的活动范围，也可以让孩子尝试帮助父母做家务等，让孩子在得到锻炼的同时满足心理需要。当孩子的内心达到平衡，就不会产生过度依恋的心理病症。

如果父母能够在这三个阶段中，给孩子提供适当的关爱和照顾，密切关注他们的成长状况与心理发展状态，培养起健康的亲子关系，孩子患上母源病的危险就很小了。

恋母情结，也称"俄狄浦斯情结"，是指孩子喜欢与母亲在一起的一种心理倾向。恋母情结产生于对母亲的一种崇拜敬仰，男孩女孩都可能会犯有恋母情结。恋母情结比较集中在某一年龄段。恋母情结的本质其实是一个互补过程，以男孩为例，他与父亲同性，所以相似，而相似引起认同，使男孩以父亲为榜样，向父亲学习，模仿父亲，把父亲的心理特点和品质吸纳进来，成为自己的心理特征的一部分。男孩与母亲不同性，两性可以互补，取长补短，相依为命，这就是恋爱或对象爱。于是，男孩与自己的父母形成了最基本的人际关系，这种人际关系可以用"恋母仿父"来概括。恋母和仿父常常相互促进。父亲爱母亲，而男孩模仿父亲，他就会越来越爱母亲；母亲爱父亲，男孩为了获得母亲的欢心，必须让自己越来越像父亲。

距离产生美，孩子的独立意识培养要从娃娃抓起

家长总是反映：孩子有时候就像一根弹簧，你越是想管教他，他越不听话，如果稍微放松一些对孩子的要求，孩子反而表现得特别好。家长不禁会问——难道距离产生美的效应在孩子身上也奏效？其实，家长忽略了的是，在这个过程中，孩子运用了自己的独立意识和主观能动性，因而他们在没有大人看管的时候，也能有很好的表现。家长没有足够信任孩子，总是认为孩子的自觉性差，所以时刻想着依靠自己的力量看管孩子。其实家长只要培养好孩子的自主性，其他都不是问题。

小勤是一个小学四年级的学生，他有着很强的生活自理能力，不用爸爸妈妈提醒，他就能把自己的房间收拾得干干净净。每次学校打扫卫生，他总是能带领大家做好值日，老师、同学都夸他是一个自觉、独立的好孩子。

其实，小勤以前特别懒散，他曾是家人天天围着转的"小皇帝"，爸爸妈妈每天都会给他准备好吃的穿的，爷爷奶奶轮流接送他上学下学。学习也总是要依靠妈妈盯着、催着才肯去做。

但是，就是这样一个如此依赖父母的小勤，在一次"当家"的经历中得到了改变。一天爸爸和妈妈一早要出门，出发前交代给小勤要负责看家，小勤很不以为然，认为自己已经很大了，完全可以照顾好自己。可是事实并非如此。小勤吃过饭后收拾桌子，桌子擦得不干净；扫地时

只扫看得见的地方；做作业图快，字迹写得潦草，错误很多。小勤忽然意识到，原来自己的生活自理能力如此差劲，必须要做一些改变了。因此在接下来的生活中，他注意培养自己的自觉性，每件事情都要求自己做好，并且拒绝爸妈的帮助。在坚持了一段时间后，小勤果然取得了明显的进步，慢慢也就变成了现在这个自觉、独立的小勤了。

在传统的教育观念影响下，父母执着于把希望寄托在自己的孩子身上，因此总是要求自己的孩子做这做那，孩子有时也会产生厌烦情绪，所以会不间断地出现懈怠、违逆父母的要求的情况，这些都是很普遍很正常的。对于这种情况，家长最大的问题在于对孩子的自主意识缺乏信心。因为父母觉得孩子的自控能力有限，他们可能会在一段时间里表现得非常好，但是过一段时间，就会恢复贪玩、爱闹的老样子，所以父母都习惯了常常看管着孩子。但是这样的循环模式并不是最佳的，依靠看管成长起来的孩子，独立意识普遍较差，自主性和自觉性都不高。为此，家长应当在孩子很小的时候，就开始着手培养孩子的独立意识，让孩子培养自觉的习惯，这样他们在以后的学习、生活中，就能够自觉地要求自己，而不是等着父母去管教，一步一步推着前进。

孩子的独立意识需要慢慢培养，比如在平时的生活中，家长多给孩子创造独立做事的机会，可以让孩子帮忙做家务，洗自己的手帕、袜子，或是让孩子独立地去完成一件简单的事情。当孩子做好后，家长一定要及时地给孩子鼓励和赞美，满足他们的成就感。遇到一些相对困难的事情，不要立即代替孩子去做，而是可以对他们说："你尝试一下吧！"给孩子活动的空间和自由，孩子更愿意去完成，这也是培养孩子独立能力的机会。

家长要树立现代教育观念，从小培养孩子的独立意识，不要等到发现孩子缺乏自觉性、独立生活能力的时候才想起来挽救和弥补。孩子的习惯一旦养成，再去导正是比较困难的。

家长可以从以下几方面着手培养孩子的独立意识：第一，放手让孩子做力所能及的事。孩子的独立性是在实践中逐渐培养起来的。随着孩子行动能力的成熟，他们能够从自己穿衣、自己吃饭、自己动手做事情中获得快乐，所以家长就可以多让孩子锻炼，不要怕孩子做不好就剥夺了孩子锻炼的机会。这实际上就是助长了孩子依赖他人的心理。孩子只有通过不断地练习，他们才能总结经验，培养起自信心，以后遇到困难或问题时，才有独立解决的勇气，而不最先想到求助他人。第二，家长要培养孩子独立思考的能力。家长总是习惯于给孩子灌输道理和经验，而孩子往往对这些不感兴趣，他们更希望自己动脑筋思考，通过自己的力量去解决问题。这个过程能够满足孩子对成就感和存在感的需要。"授人以鱼不如授人以渔"，培养孩子如何独立解决问题的能力，孩子更愿意接受。第三，创造机会，让孩子多经受磨砺。家长都喜欢听话的孩子，希望自己的孩子能够按照自己的意愿去做事。但这对孩子自主意识的培养极其不利。家长可以允许孩子自己做选择，并为自己的选择负责。第四，培养孩子克服困难的精神。孩子在克服困难的时候所培养起来的精神和毅力，是以后孩子面对挫折时最宝贵的财富。

家长要相信，只有从小培养起孩子的独立意识，他们在长大之后才不会犯依赖大人的毛病。所以，如果家长深爱孩子，就让孩子从小学会独立自主地生活吧！

从小培养孩子独立自主的能力

孩子年纪小，父母觉得孩子做得太慢、太差，就替孩子代劳了，这非常不利于锻炼孩子独立自主的能力。父母培养孩子的独立意识和自主生活的能力，要从小做起。学龄前宝宝能够学会很多生活上的技能，家长不妨根据下表，对孩子进行锻炼：

3～4 岁幼儿	锻炼孩子独立吃饭、大小便、入睡等
4～5 岁幼儿	锻炼孩子穿脱衣、服鞋袜，洗手洗脸，将玩具放好等
5～6 岁幼儿	锻炼孩子独立叠被子、叠衣服、整理书包等

别破坏"首因效应"，小成员也有权参与家庭讨论

很多家长会犯这样的错误，他们总是认为孩子还小，常常不经过孩子的同意就替他们做了决定，也很少让孩子参与家庭讨论。在这样的环境下，孩子慢慢就失去了和爸爸妈妈讨论家庭事务的兴趣了，认为处理家庭琐事是爸爸妈妈的事情，和自己无关。父母的做法无异于剥夺了孩子作为家庭成员发表意见的权利，尽管父母可能并没有意识到这些。

小月是一个七岁的小女孩，她从小就非常听爸爸妈妈的话，是大家眼里的"乖宝宝"。爸爸妈妈习惯了替小月做决定，比如买什么样的裙子、什么样的书包，而小月也总是很乖巧，从来不会违逆父母，爸爸妈妈买了什么她都喜欢。小月要上幼儿园了，爸爸妈妈为她选择了好几家不错的幼儿园，让小月做选择，可是小月也不知道该怎么选，就让爸爸妈妈替自己做决定了。每次谈论家庭事务时，小月也很少参加，即便是参加了也不会发表什么意见，总之就是父母怎么决定，她就努力去适应。

小月不热衷参与家庭讨论是有原因的。在她大概三岁的时候，父母认为孩子小，不懂事，所以一到商谈问题的时候，就避开孩子。小月只能乖乖地等待，等父母商量好了，再跟着父母去做。有一次，爸爸妈妈讨论要不要给家里添置家具时，小月很想参与，当时她已经五岁了，她很想要一台大屏幕的电视，这样就可以全家人在一起看电视了。可是正当小月要发表自己的意见的时候，爸爸妈妈阻止了她："小孩子懂什么？去玩吧……"这件事以后，小月就不再有兴趣关心爸爸妈妈讨论的事情了，因为她知道父母并不需要自己的参与。现在，爸爸妈妈觉得小月长大了，应该帮着父母出主意了。可是小月已经习惯了听从父母的安排，当爸爸妈妈征求她意见的时候，小月总是会选择闭口不言，因为她总是担心自己提出的想法不好，爸爸妈妈会不高兴。

从这个案例中，我们看到小月不愿意参加家庭讨论，后来即便父母想要征询她的意见，她也很少提出自己的想法。这就是家长在培养孩子的时候，无意中破坏了"首因效应"造成的。"首因效应"指的是最初接触到的信息所形成的印象对人们以后的行为活动和评价的影响。在孩子的成长过程中，父母常常会给孩子造成各种各样的影响，有积极的也有消极的。给孩子留下的第一印象，通常会在孩子的头脑中形成深刻的印象并占据着主导地位，对孩子以后的行为和对事物的评价都会起到很大的影响。这就是"首因效应"的威力。如果家长在培养孩子的过程中，给孩子做出了不正确的示范，破坏了"首因效应"，给孩子带来的影响也会是巨大的。比如家长很少让孩子参与谈论家庭会议，习惯替孩子做决定，孩子就会固化自己的认识，认为自己的意见并不重要，父母会替自己做决定，这些是父母应该做的，因而存在感降低，忽视了自己作为家庭一分子的权利和责任，这些对孩子的身心发展都有害无利。

社会心理学家曾询问过100名学龄儿童一个问题：你认为怎么样才算是一个快乐的家庭？孩子们给出的答案很多，但是回答最多的却是——与家人一起做一些事。可见，在孩子的心里，他们非常渴望自己能和家人一起做各种各样的事情，哪怕是微不足道的小事，但他们能够从完成这些小事的过程中获得存在感和价值感，并为自己作为家庭中的一分子感到骄傲。但是，如果父母无意中把孩子排斥在外，尤其是在做决定的时候，总认为孩子太小，什么也不懂，很少或从不询问孩子的意见，甚至认为大人之间的事可以暂时不让孩子知道。孩子就会在这样的氛围中逐渐丧失自己的能动性，在家庭关系中变得被动。

家长常常会忽略，孩子作为家庭中的一分子，他们有权利参与和父母的讨论。即便是他们年龄小，思想还很不成熟，有时提出的意见并没有价值，但是孩子在参与的过程中，能够感受到父母对自己的尊重。这样他们的自信心才会得到增强，孩子就会形成一种"当家"的意识，也会表现得比其他孩子更加"成熟""可控"。反之，如果家长忽略了这些，不重视"首因效应"，孩子不仅在家庭中表现不积极，甚至还会影响到他们性格、习惯的养成。他们以后在学校、社会中也是这样不积极、不重视自己的权益。

父母是孩子的第一任老师。每个家长在家庭教育中都要注意，让孩子有提建议、说话的权利，尊重孩子的选择和意见。生活中有很多孩子可以参与的话题，比如妈妈带孩子去购物，妈妈完全可以问孩子喜欢什么样的东西，让孩子发表自己的看法，替孩子做决定之前要征求一下他们的意见，这些都是很好的方法。其实孩子真正在意的并不是家长有没有采纳自己的意见，而是家长是否允许自己说话、讨论、参与进来的这个过程。孩子在这个过程中能够感受到父母的爱和对自己的尊重，而且这会激发孩子下次参与的热情。这样孩子在不断的锻炼中才能一点点有全新的认知，才能丰富自己的想法。随着孩子长大，父母真正想要参考孩子意见的时候，孩子也能敢于提出想法，给出有价值的参考。

孩子在积极参与家庭讨论的过程中，不仅能帮助家长处理一些小事，还能锻炼自己的协调能力、组织能力和判断能力。这些都有利于他们的成长进步。所以家长一定要运用好"首因效应"，重视对孩子参与家庭讨论的培养。

根据孩子的年龄，让孩子积极地参与到家庭讨论中

3~4 岁	可以让孩子参与"喜欢什么东西"的话题
4~5 岁	允许孩子讨论"如何布置自己的房间""添置什么家具"
5~6 岁	可以让孩子参与讨论"去哪里玩"
6~7 岁	让孩子参与"制订旅游路线、安排"等
7~8 岁	让孩子自己决定"喜欢的课程""去哪所学校"等

Part 11
培养孩子的好习惯，好家长懂得尊重孩子的性格优势

 让独断专行的孩子淡化雄心勃勃的控制欲

在孩子成长的过程中，总是会出现这样那样的问题。有的家长担心孩子做事不够勇敢、缺乏斗志；有的家长则担心孩子做任何事情都欠缺考虑，太过于独断专行。根据孩子的习惯性表现，做事时习惯独断专行的孩子一般都是因为控制欲望强烈，所以才会导致他们做事缺乏思考，容易犯自以为是的毛病。

一群孩子在玩丢沙包的游戏，忽然传来一声惊呼："哎呀，不好了，沙包挂到树上去了！"因为树太高了，用各种办法都没有拿到沙包，大家你看看我，我看看你，谁也不知道该如何是好。这时，一个虎头虎脑的小男孩走了过来，他就是胆子很大的小陶，他二话不说就要上树去取沙包。这时孩子们都拦住了他："爬墙上树很危险的，还是喊家长来帮忙

吧!"可是小陶摆摆手说:"这点儿小问题还用找大人帮忙?看我的!"说着就爬上了树⋯⋯

小陶就是这样一个雄心勃勃、胆子大的孩子。有时候他的胆大和控制欲能发挥很大的作用,但是有的时候,却滋生了小陶独断专行的心理。比如有一次,妈妈带他去商店买玩具,小陶一眼就看中了橱窗里摆放着的变形金刚。小陶坚持要妈妈买这个玩具给他,但是妈妈觉得这个玩具的价格太高了,打算说服孩子放弃。可是小陶听不进去妈妈的解释,一意孤行就要得到它,否则就认为妈妈不爱自己,不懂得尊重自己。妈妈也感到很无奈,最后只能满足孩子的要求。还有一次,小陶和同学们在一起做团队游戏,在大家都感觉遇到了困难的时候,小陶自认为自己作为团队队长,有权利替大家做出决定,没有经过大家的同意就贸然行事,结果却以失败告终了。

案例中的小陶就犯了独断专行的错误。这与他的性格特点和家长的教育方式都有关系。通常,这样的孩子有一个共同的特点,就是控制欲望比较强烈,常常不经思考就采取行动。导致他们这样做的原因在于,孩子有着强大的自我意识。他们总是认为自己要比他人优秀,有能力做好所有的事情,所以总是会按照自己的主观判断去做事。孩子相信自己有能力,有这样的自信心是好的,但是如果不善于听取别人的意见,以自我为中心,武断专行,就很容易让他们养成不好的习惯。孩子习惯按照自己的意愿和想法去做事,不考虑也不参考别人的意见,有时他们能够取得成功,这样反而强化了孩子的控制心理。多数时候,他们由于缺乏客观的判断导致了失败,这样就暴露出了他们独断专行的缺点。孩子的独断专行表现得太过于强烈,还会引起别人的不满情绪。其实这些都是不利于孩子个体发展的。如果孩子的控制欲望过于强烈,也不利于他们的心理保持平衡,他们往往会陷入不断地寻求满足心理需要的循环中。

要想让孩子独断专行的毛病得到改善，首先，家长就要试图让孩子的控制欲望淡化。家长可以帮助孩子发挥他们性格特征里优秀积极的一面，让他们勇敢地去做正确的、有意义的事情，满足孩子对自身存在感和成就感的需要。其次，这一性格的孩子最缺乏的就是思考，所以家长要教他们多思考，尤其是在行动前一定要仔细想清楚利弊得失，然后再做决定。如果孩子能够发挥性格中的优良部分，又能做到三思而后行，那么他们的行为结果就会得到很大的改善。在这个不断改善的过程中，孩子也能养成动脑筋思考的习惯，就不容易犯独断专行的毛病了。

有的孩子的独断专行与家长的教育方式有关。家长比较宠爱自己的孩子，在生活中给了他们太多自己做决定的机会，而孩子的判断能力还不成熟，他们有时并不能够做好一些决定和选择。父母的纵容使得孩子养成了不良的习惯。他们喜欢这种按照自己心愿做事的方式，所以总是要求家长给自己创造机会。家长面对孩子的请求，也为了锻炼孩子，通常都会满足他们的要求。孩子就是在这样不健全的教育模式下，养成了随心所欲做事的习惯。

针对家长不当的教育方式，建议家长要及时做出调整。家长可以根据孩子的心理发展作调适，比如孩子的控制欲望强烈，不愿意听取他人的意见，家长可以把孩子的注意力转移到对自我的要求和约束上来，锻炼孩子的自控能力。家长也要注意给予孩子关注和爱护，有时孩子过分地表现自己，目的是想要得到父母的肯定和赞许，所以家长要常常赞许孩子。他们被需要、被认可的心理得到了满足，就不会产生过高和过于强烈的控制欲望了。最后，父母可以引导孩子学会听取和采纳他人的意见，这样也有助于提高孩子以后做事时更加全面思考问题的能力。

造成孩子控制欲望强、独断专行的毛病的原因

1. 父母有这样的毛病，生活中经常不经过孩子同意就替孩子做决定，独断专行；

2. 父母的教育方式不统一，一方认为应该给予孩子宽松的成长环境，另一方对孩子的要求却很严格；

3. 父母习惯于在孩子面前树立家长权威，容易激发孩子的反抗情绪。

激发性情温和孩子的斗志，让他们勇敢前进

性情温和的孩子常有个毛病，就是做事唯唯诺诺，缺乏斗志。有的家长可能对孩子的表现很满意，因为孩子很少发脾气，不轻易与人发生冲突，有着很强的忍耐力，能够很好地配合好他人，认为这是他们性格中的优点；但也有的家长会觉得孩子做事不紧不慢，总是给人一种沉闷的感觉，应该激发一下孩子的斗志，让他们变得勇敢一些。

奇奇是一个性情温和的男孩，他从小就特别听话，特别懂事。每次妈妈对孩子提出要求，奇奇总是会认真完成，让妈妈很满意。他与小朋友发生了争执，通常都是奇奇先做出妥协。奇奇向来就是这样一个心地善良、温和友爱的小朋友。但是有的时候，奇奇的温和显得有些唯唯诺诺，他做任何事情都是不紧不慢、一副无所谓的样子。而且奇奇说话的时候语速很慢，语气也很平淡，人们很难感受到他的情感变化。因而奇奇总是给人一种无欲无求的感觉，少了很多小孩子应该有的冲劲和果敢。有时奇奇也会表现出懒散的一面，比如一天他在书桌前做家庭作业，遇到一个难题，他计算了好几遍都不能得出正确答案。遇到这种情况，一般孩子都会火急火燎地找父母帮忙。可是奇奇的表现是这样的：他心想着"爸爸妈妈在忙自己的事情，一会儿再说吧……"然后就去做别的事情去了。等到他再想起来的时候，已经到了休息的时间了。奇奇的内心似乎总是这样的平和，他没有什么远大的理想和特别的苛求。有一次妈妈问他："奇奇，你有什么梦想吗？"奇奇不紧不慢地回答："还没有想

好……"妈妈继续追问:"那你有什么特别想要的东西吗?"奇奇仍然摇摇头说:"没有。"结果妈妈也很无奈。

奇奇的身上集中表现了性情温和的孩子的特征。他们内心平和,害怕发生冲突,容易妥协,不会给别人带来压力,心理很容易得到平衡,因而总是表现出一副与世无争的样子。这也常常会让人觉得他们身上缺少了竞争的斗志和勇气。这样不利于孩子以后的性格培养和习惯的养成。其实,这些孩子做事缺乏斗志和勇气,是因为他们缺乏了做事的动力。这与父母的性格和培养方式有很大的关系。另外,孩子在面临问题时,因为缺乏斗志选择用拒绝和逃避来应对,根本原因是由于他们没有学会相信自己。

通常而言,孩子在 3～5 岁时,并不看重成功还是失败;到了 6～10 岁时很可能就会表现得斗志高昂;而到 10～14 岁的时候,孩子最容易开始缺乏斗志,逃避及害怕面对困难。这一情况告诉我们:孩子约在 10 岁开始遭遇到不同的挫败感。这时是激发孩子斗志、培养勇气的最好时候。

我们先来分析一下导致孩子缺乏勇气和斗志的原因:首先可能是因为孩子不太注重事情的结果。他们在意的是愉快的过程,这与孩子的性格有关。其次是跟家长的性格有关。家长可能特别好强,而孩子往往会充当一个与家长性格相互补的角色,因此孩子的性格就会有些唯唯诺诺。当然也有这样的情况,就是家长的性格也是温和型,他们对外界的事物也抱着不争不抢的态度,这样就会影响孩子,让孩子也变得顺其自然,与世无争。再次,孩子可能经历过较大的挫折,他们在失败面前感受到了无能为力,因而影响到了对事物的看法,所以做事时目标不明确,缺乏斗志和勇气。复次,孩子有心理障碍。孩子的心理障碍可能是因为过往的一些失败经验或创伤导致的。比如家长在生气的时候责骂孩子,孩子的内心就会缺乏安全感。所以他们总是想用逃避的方式来拒绝伤害,给自己保护。最后,父母很少给孩子肯定,或者经常用不愉快的经历来打击孩子，这很容易让孩子失去信心。

要激发孩子的斗志，父母首先应激发孩子做事的勇气，帮助孩子恢复斗志。在日常生活中，父母应强调机会随时会出现，教导孩子学会如何把握和珍惜。父母亦需要利用每个机会，跟孩子说明不同的道理。不要跟孩子说他已没有机会，要常常提醒他们机会必再来。如此，孩子就会尝试回到适当的位置重新开始。如果孩子失败了，家长不要嘲笑孩子，告诉他们随时还会有新的机会，不要灰心丧气，以此减轻孩子的压力，同时也可以再次激发孩子的斗志。在这一过程中，父母一定要注意和孩子保持良好的沟通交流。父母跟孩子的顺畅交流，是孩子心理健康成长的一种保障。父母能够把支持和关爱传达给孩子，孩子才会有自信、有勇气去面对困难，迎接挑战。其次，父母要帮助孩子培养起自律的习惯。自律的孩子懂得自我管理，能够调节好自己的情绪，克服懈怠心理，激发斗志。当然，孩子还要有好学的精神，家长可以引导他们对新的事物产生兴趣。告诉他们，无论面对什么样的挑战或困难，都要有不抛弃不放弃的信念。再次，培养孩子做事的动机。当孩子产生自我意识，开始有了梦想，家长不要随意打击他们，可以借助梦想培养孩子做事的动机。孩子获得了成功的体验，就会树立起自信心。在培养孩子做事动机的时候，父母可以引导孩子把实践的步骤细化，让孩子自己定出目标并努力完成，这样孩子实施起来就更有动力。最后，要培养孩子的责任感。让孩子尽力完成自己设定的目标，如果实在完不成，或者是遭遇了失败，父母要告知孩子，这次没有成功下次不要气馁。让孩子学会对自己的行为负责，这样孩子以后也乐意成为一个有责任感的人。

新学期如何激发孩子的学习兴趣？

新学期开始了，可是孩子一直都提不起对学习的兴趣，或许是因为上学期糟糕的考试成绩让孩子丧失了信心，那么这时家长应该采取哪些行动，重新激发孩子学习的斗志呢？

采用原则	作用	方法
罗森塔尔效应	让孩子对自己有期望	给予孩子更多的关怀与赏识。当孩子感受到家长的关爱时，就会萌发或增强好学的愿望、向上的志向、勤奋学习的动力。另外，家长不要吝啬对孩子的赞美，家长要时时把赞赏当成孩子生命中的一种需要，积极发现孩子的优点，及时对孩子进行赞赏。
门槛效应	给孩子制定切实可行的目标	目标要合理。家长在给孩子制定目标时，应考虑到孩子的身体和心理的承受能力，把目标制定在孩子能够承受的范围内，并留有一定的余地。

 ## 让注重细节的孩子轻松接受世界的不完美

生活中有一些孩子特别注重细节，他们被各种条条框框束缚着，不能尽情地玩耍。父母常常会努力地给他们营造欢乐愉悦的氛围，希望孩子能够轻松地面对。

然然是一个优秀的孩子，她对自己各方面都要求严格，在学校里成绩优异，在家里懂事听话，是大家眼中的模范生。可是然然有一个毛病，就是特别注重细节，老师和父母安排她做的事情，她都会井井有条地做好。比如老师派她作纪律委员，然然就会认真地扮演起"监督员"来，一旦发现有同学违反纪律或是表现不好，她就会立马站起来，不留余地地批评他们。结果同学们都很怕她，说她是"小老师"。而然然一点儿都不在意这些，在她看来，大家都能守规矩、听老师的话，不出任何差错就是她的工作。然然就是这样一个凡事都要求自己尽心尽力地做好，不能容忍一丝丝问题存在的孩子。

可有的时候然然也会因为过于较真，出现这样的情况：一次，老师发给同学们每人一份家长通知书，汇报孩子在学校的表现，并要求家长在通知书上签字，表示看过了。回到家中，然然按照老师的要求把通知书递给了爸爸妈妈，并交代了签字的事情。爸爸妈妈阅读完毕，就在签字栏里写下了自己的名字，结果然然看到签字有些歪，就非要爸爸妈妈重新签一遍，爸爸妈妈只好按照然然的要求，再签了一遍。

注重细节的孩子属于追求完美型性格。有这一习惯的孩子对自我有着高要求和高期待，希望自己的一举一动都无可挑剔。他们通常会强迫自己服从大人的行为标准，将长辈的期待视为自己的行动准则。他们总是像一个"小大人"一般，凡事都力求做到完美，眼里容不得沙子。无论做什么事情，他们都有自己的一套行为标准。他们对规矩特别敏感，不允许自己有任何不守规矩的行为。在他们的眼里，规矩高于一切。他们也很有责任感，不管负责什么样的工作，都会竭尽全力地去完成。

造成孩子过于强调细节的原因在于，他们想要把每件事情都做得十分完美，以此来获得大人的表扬和肯定，满足自己内心对成就感和存在感的需要。在孩子的心目中，自己的父母非常高大，所以他们在做任何事情时，都会严格地要求自己，不能出现一丝一毫的偏差，让父母不满意。这与父母对待孩子的态度有关，父母平时对自己的要求可能就很严格，自然也会这样对待孩子。孩子在父母的影响下，也养成了克制自己、注重细节的习惯。

虽然注重细节对孩子严格要求自己有帮助，但是过于强调细节问题，又使得孩子的天性发展受到阻碍，影响孩子的心理发展。所以家长要注意引导孩子，让他们接受存在的不完美，不要太过于严格要求自己，不要被规矩、条件捆住手脚。父母可以在家里给孩子打造一个随心所欲表现自己的空间。孩子可能在学校要扮演一个好学生的形象，但是回到家中，他们可以尽情地表现自己，展示天性，让处于紧张状态的神经得到放松。父母还可以给孩子讲一些小幽默故事，让孩子感到轻松的同时，意识到父母对他们的关心和体贴。

注重细节的孩子往往最容易被自身的思维方式所控制。他们习惯了按照常理出牌，每个细节都不放过。家长应该让孩子知道"金无足赤，人无完人"的道理，告诉他们，适当降低一些要求，往往能够达到更好的效果。家长还要让孩子学会欣赏别人的优点。当孩子能够带着赞许、欣赏的眼光去看待别人的优点、长处时，他们的心态就会是积极阳光的，他们的内心就会感到平和和满足，这样他们就不会把压力转移到自己身上来。注重细节的孩子最大的缺点就是太守规矩，很容易使自己陷入到条条框框的约束中，所以家长要有意识地培养孩子做事的灵活性，引导孩子从不同的角度思考问题，鼓励他们在做事情的时候多想出几套解决方案，并大胆去尝试每种方案的可行性。父母还要注重培养孩子的抗挫折能力。注重细节的孩子非常重视结果的成败，一旦在他们看来非常重要的事情失败了，他们难免会受到严重的打击，然后就会陷入自我批评之中。家长要教会孩子如何面对困难，告诉他们，遇到困难很正常，失败也不可怕，不要太过于自责，只要能知道出错的地方，下次就不会再犯同样的错误，只要调整好自己的心态重现面对就可以了。

只有这样，孩子才能慢慢学会接受世界的不完美，他们也才能够客观、清晰地看待自己和他人，懂得要用什么样的标准去要求自己。这样，孩子的发展才会更加顺畅。

 ## 告诉甘于奉献的孩子，付出要有底线

生活中，我们常常会听到孩子这样说："让我来帮助你吧""我要做一个助人为乐的好孩子"，也总是能看到孩子忙忙碌碌的身影，不是抢着帮助爸爸妈妈做家务，就是非常乐意地把自己的东西拿来和大家分享。

孩子通过这样的方式表达自己的热情和友善本没有错，但是有的时候孩子无底线地奉献自己，未必是件好事。

冉冉是一个乐于助人的孩子。从小妈妈就教育他要"帮助别人，快乐自己"，于是冉冉看到过马路的老奶奶总是会跑去搀扶，直到安全通过马路为止。这样他就能如愿以偿地得到妈妈的表扬。冉冉看到别的小朋友需要帮助，也会毫不犹豫地伸出援手，所以老师同学都很喜欢他。冉冉特别会讨巧，总是知道别人喜欢什么，然后按照别人的喜好来做事，因此成为老师的好帮手、同学的好伙伴、父母的好孩子。有时大家会觉得没有冉冉的帮助，就感觉少了点什么似的。

但是有时候，冉冉的付出却没有得到好的结果。比如有一次，一个同学的卷笔刀坏了，冉冉看到他愁眉不展的样子，就非常友好地把自己的卷笔刀给这个同学用。这个同学非常感激冉冉的帮助。可是没多久，又有同学来找冉冉借卷笔刀，冉冉这一次也很爽快地就答应了。结果这些同学忘了归还，冉冉发现自己也没有卷笔刀可以使用了。之后，借卷笔刀的同学又来和冉冉借铅笔、橡皮，冉冉不假思索地都借给了他。这个同学不仅没有对冉冉的付出表示感谢，反而在心里面嘀咕："他这么喜欢帮助人，那我下次就不需要觉得不好意思了。"结果这个同学以后将借了冉冉的东西都占为己有，不归还了。

甘于奉献的孩子非常温和友善。他们喜欢帮助别人，因为这样做可以给他们带来满足感。他们特别重视情感，尤其是友谊，常常会不计结果地付出，来获得他人的好感。这是他们对自我存在感的需要。甘于奉献的孩子总是对别人的需求特别敏感，希望自己成为别人不可或缺的同伴或帮手。这样的孩子最渴望得到的就是别人的关爱，但是他们信奉"想要获得爱，就要先付出"的原则，因此总是会无底线地牺牲自己，为他人提供帮助。当他们获得别人的肯定之后，会激起他们心里强烈的成就感。这样的孩子对评价也十分敏感，他们希望获得肯定和赞扬，如果是受到了批评就会感到灰心丧气。

这类孩子的家长一定要告诉他们，帮助别人要遵循适度的原则。可以引导孩子每次在帮助别人之前冷静地想一想，确定对方是否真的有需要，以及是不是真心希望得到自己的帮助。家长还要帮助孩子学会做心理准备，就是他们在帮助别人之后，对方非但没有表示感谢，还无限制地索取。遇到这样的情况，要让孩子学会用什么样的方法去应对。提前做好心理调适和准备工作，可以很好地缓解孩子心里的失落感，使他们保持良好的心态。家长还要让孩子知道，每个人都有自己的优缺点，没有必要去迎合别人而隐藏自己，可以大胆地向别人表达自己的想法。

孩子养成甘于奉献的性格是有原因的，他们在学龄前没有接受到来自父母的正确的关爱方式，就会特别想要得到父母的爱。于是他们就会观察别人的需要，从而改变自己去顺应他人的要求，慢慢养成了热心帮助别人的习惯。

那么父母应该如何帮助孩子呢？首先家长要用正确恰当的方式表达对孩子的关爱。在平时的生活中，父母要做好安抚孩子的工作，不要溺爱更不要过分严厉，让孩子感觉到安全感不足。父母可以对孩子多多地表达情感，满足他们对父母给予的情感的需要。其次，奉献型孩子其实对爱的渴望非常强烈，他们甘愿奉献其实都是为了得到爱。如果家长能够多给孩子肯定的评价，表达对孩子无条件的爱，孩子就能很好地满足自己的心理需要，就会理智地去面对各种问题。再次，父母一定要教会孩子付出要有度，要适当学会拒绝，要客观公正地看待别人给自己的负面评价，以免孩子的自信心受挫。最后，家长要引导孩子表达自己的想法。甘于奉献的孩子总是担心别人受到伤害，所以很少表达自己的真实想法。长此以往，孩子就会渐渐忘掉自己的需求，而无限制地满足别人。父母应该经常询问他们是否有喜欢的东西，让孩子能够养成不盲从、勇于表达自己想法的习惯。

此外，家长要教孩子一些委婉拒绝别人的技巧，并且在传授拒绝技巧的同时，给孩子讲讲为什么要拒绝，以及拒绝之后可能带来的后果和需要承担的责任。这样可以让孩子产生一个心理预期，提高他们对后果的承受能力。父母最好明确告诉孩子，有的时候拒绝不一定对自己不好，表明自己的态度不仅不会损害自己的形象，反而会让人更能尊重自己。

如何判断孩子是否付出无底线？

1. 孩子总是会把自己的零食、玩具等拿给同伴分享，如果小伙伴接受他们递过来的东西，并且玩得很开心，他们就会手舞足蹈，非常开心。

2. 喜欢听到别人对自己好的评价，尤其是他人对自己表达出好感的时候，他们会觉得更加愉快和满足。

3. 当听到别人对自己有不好的评价时，容易陷入负面情绪中。

4. 总想着给别人提供帮助，但有的时候热心过度，常常好心办坏事。

5. 喜欢与同伴在一起相处。

这样的孩子很容易养成无底线奉献的习惯。家长一定要注意引导孩子用正确的方式表达热情，不要犯付出无底线的错误。

 ## 让爱出风头的孩子从别人的眼光中脱离出来

我们经常能看到这样一群孩子，他们爱出风头，热衷于在别人面前表现自己，当他们获得赞赏和鼓励时，心情就会很好，心理也特别地满足。这样的孩子，容易活在别人的眼光里，倘若他人给予了高度的评价，孩子就会感觉快乐；倘若他人给予了负面的评价，他们就会感觉悲伤。其实这样的认知对孩子的心理健康成长并不利。家长应当及早引导孩子从别人的眼光里脱离出来，正确地认识自己。

美嘉从小就特别喜欢表现自己。在她很小的时候，她就喜欢穿上妈妈给买的漂亮裙子，给大家唱歌表演。爸爸妈妈和爷爷奶奶都特别捧场，每次她表演结束后，都能获得热烈的掌声。每当这个时刻，美嘉就特别自豪。

在一次学校会演中，美嘉跟着学校的舞蹈团做汇报演出。刚开始因为美嘉的个子太小而且跳得也不熟练，所以就被老师安排在了不起眼的角落里。美嘉不甘心受到这样的待遇，于是利用平时的休息时间偷偷练习。直到她跳得很熟练时，终于被老师调到了第一排。当美嘉的表演结束后，她如愿以偿地得到了大家的褒奖和肯定。

慢慢地，美嘉有些自视清高。她为了得到大家的好评，常常会在同学面前炫耀："你看我的衣服很好看吧！是我妈妈从国外买回来的……"开始时大家都还很热情，但是渐渐地觉得美嘉太爱表现自己了，就慢慢地疏远了她。

孩子爱出风头，与他们的性格有关。一般而言，外向型的孩子擅长表现自己，尤其是成就型的孩子往往会为了获得他人的肯定评价，满足内心的心理需要而去卖力表现自己。他们精力充沛，注重个人形象，喜欢成为大家关注的焦点，乐于接受挑战。

孩子喜欢表现自己，还与他们从小接受的教育和成长的环境有关。就拿案例中的美嘉来说，她生活在优越的家庭环境中，有爷爷奶奶的疼爱、爸爸妈妈的照顾，可谓集万千宠爱于一身，大家都非常鼓励她积极表现自己。孩子在这样的鼓舞下，不仅能够充分地学会如何表现自己，而且在不断激发的自信心和虚荣心的影响下，可能会为了不断地得到大家的肯定而去刻意表现出自己优秀的一面。时间久了，孩子自然就养成了爱表现自己、爱出风头的习惯。

并不是所有的孩子爱表现都是因为家庭环境和父母的教育方式造成的，有的孩子在成长的过程中，或许曾经被人漠视过，他们的自信心受到了打击，但是孩子不愿意甘心认输，所以极其想要引起别人的注意，于是便通过展示自己的优点来获得中肯的评价，让自己受伤的心理得到修复。

孩子爱表现是因为他们有着强烈的自尊心。他们喜欢将自己比他人优秀的一面表现出来，而将自身的缺点隐藏起来，这么做就是想要得到被人崇拜的感觉。这是他们在漫长的成长过程中萌生出的虚荣心在作怪。孩子习惯以自我为中心，想要炫耀自己，攀比心特别强，所以总是会不断地寻找新花样，让自己显得与众不同。这些孩子往往忌妒心也特别强，一旦发现别人有比自己优秀的一面，就会有更强烈的冲动去表现自己，因为他们不想感受到失落的心情。

因此，他们往往很容易受到心理创伤，甚至会做极端的事情。这些对于孩子的身心成长都是不利的。家长发现孩子有以上这些特点，一定要及时加以引导，不要让孩子陷入恶性循环中。

家长需要知道，孩子之所以爱表现自己，根本原因出在他们太在意别人对自己的眼光，太注重他人对自己的评价了。所以家长首先可以从这一点出发，让孩子从内心的虚拟世界中脱离出来，知道只有自己真正的优秀，才能获得别人的尊重，而不是通过取悦他人来获得一些并不切实际的评价。当然很多孩子可能还意识不到这些，在他们的认知里只有表现得更好，才是对自我价值的最好体现。所以家长要让孩子不断地学习和成长，给他们适当的鼓励，以激发孩子不断进取的信心。当然鼓励和评级一定要适当，不要让孩子过于看重这些。其次，家长需要引导孩子以平常心看待得失。孩子应当知道世上没有完美的人和事，每个人都有优点和缺点，都会遇到困难。一个人真正要做的是战胜困难，成长为更好的自己。再次，家长需要给孩子创造一个健康的生长环境，不要给孩子过多的溺爱，也不要因为孩子爱表现就不停地夸赞他们，而是应该赞赏和激励一起使用，在满足孩子成就感的同时，给孩子提醒还有哪些不足，以使得孩子不局限在自我满足中而忘记了需要继续努力。最后，家长需要让孩子学会正确地调整自己的心态。每个人都有自尊心、虚荣心，也会产生嫉妒心理，而拥有良好心态的人往往能够调整好自己的心态，合理运用自尊心和自信心，将虚荣和嫉妒心理调整到最佳状态。

当孩子能够发现自己已经不再过于看重他人的眼光，能够遵从自己的内心，合理地满足成就感的需要时，他们就能够成长为一个更加真实的自己了！

引导性格孤僻的孩子去感受来自世界的爱

有的孩子比较内向，他们不爱言语，也不喜欢和人打交道，但是这些孩子的想象力特别丰富，喜欢一个人独处，生活在自己的小世界里也能够自得其乐。有时候，人们会觉得这性格的孩子太过于孤僻，失去了孩子应该有的活泼天性。但其实，这些孩子也非常想要表现自己，只是因为他们过于敏感，总感觉到自卑，觉得不受关注和不被人关爱，所以时间久了，就养成了不爱表现自己、孤僻的性格。

多多是一个七岁的小女孩，她是一个性格内向的孩子。她很小的时候就不爱说话，喜欢安安静静地待在角落里一个人玩耍。有时候她看到小朋友们在一起打闹玩乐，很想凑过去跟他们一起玩耍，但是又担心小朋友们不喜欢自己，所以总是选择悄悄地躲开了。上了幼儿园之后，多多仍然比较内向，小伙伴们来找她玩耍，她也总是感到很拘束，不敢表现自己，时间久了，多多就越发喜欢独处了。

后来多多的内向性格变得孤僻了起来，这是因为她的父母感情不和，总是吵架，尽管爸爸妈妈也会顾忌到孩子，尽量不在孩子面前吵架，但是敏感的多多还是常常能够听到爸爸妈妈的争吵声。有一次多多就问妈妈："你和爸爸会分开吗？你们是不是都不想要我了？"妈妈意识到夫妻情感不和对孩子造成的心理影响，知道孩子的内心一定非常缺乏安全感。可是妈妈不知道要如何引导孩子，才能让她变得乐观起来。

性格内向的孩子比较敏感、容易情绪化。他们能够很敏锐地发现身边事物的异常，并且加以丰富的想象。但是思虑过多就会导致他们的情绪受到影响，甚至会产生一些极端的、片面的想法，这是他们性格中的缺点。如果这些缺点不加以导正，孩子就会养成一个人独处的习惯。他们会觉得独处要比与别人打交道容易得多，所以总是会沉浸在自己的世界里，而少有机会能够感受到来自他人的关爱。时间久了，孩子慢慢就变得孤僻了。

通常，性格孤僻的孩子活动的范围很小。他们小的时候主要的活动场所就是家庭，而在家庭环境里，孩子也是内向不爱表现自己；即便到了其他的场合，孩子也会因为怕生、害羞而选择躲避人群。对于这样的情况，有些家长以为孩子长大之后就会好了，所以不注重对孩子人际交往能力的锻炼，这样的培养就促使孩子变得内向、孤僻。当孩子长大一些，上了幼儿园，虽然他们接触到了新环境和新朋友，但是孩子内向的性格也会影响到正常的交际能力。这样孩子慢慢就会感觉自己被孤立了起来，甚至产生大家都不喜欢自己的想法，因而形成了大家眼中孤僻的形象。

性格孤僻的孩子，是受到了父母不正确的教育造成的。有的父母并不注重对孩子的性格、气质等方面的培养，他们把注意力都放在了孩子是否能够取得好成绩上。这样的父母对孩子要求比较高，而孩子的心理压力超出正常范围，往往也容易造成孩子的性格发生变化。父母是孩子的第一任老师，有的父母的性格也属于内向、孤僻型，孩子每天感染到父母的气息，时间长了，自己很可能也会成为父母的"复制品"。

有的孩子之前很积极乐观，但是他们在成长的过程中如果受到心理创伤，比如像案例中提到的父母感情不和、经常争吵，孩子在这样的环境下，容易产生被抛弃的感觉，性格也会变得孤僻。还有，有的孩子经历过被嘲笑、被讥讽的情况，这也会严重打击他们的自尊心和自信心。导致孩子不敢在大家面前表现自己，常常产生自卑情绪，总觉得矮人一头，因此变得不爱跟人打交道，养成孤僻的性格。

综合来讲，性格孤僻的孩子是因为内心缺乏关爱导致的。他们敏感、易情绪化，不善于与人接触、说话。在孩子的内心当中，他们并没有感受到自己是被关爱和重视的，无论是来自父母还是其他人。

父母应当引导孩子从自己的小世界里走出来，去感受他人的关爱和帮助，知道自己是优秀和被尊重的。这样孩子才能摆脱自卑的困扰，变得积极开朗起来。我们知道，性格孤僻的孩子内心是非常渴望得到他人的关爱的。父母应当给予他们更多的关爱，比如经常陪孩子说话、玩耍、做游戏，和孩子一起成长。孩子的内心能够得到满足感，他们就不会轻易怀疑自己，养成思虑过多的习惯。当然，家长一定要给孩子营造一个愉悦、利于成长的环境，避免因为自身的原因对孩子造成负面的影响。与此同时，我们知道其实性格内向的孩子是非常愿意表现自己的，只不过他们还没有找到一个正确的方式去表达。家长可以为孩子创造机会，让孩子有机会去表现自己，并感受到大家的善意和关爱。

父母要懂得尊重孩子独处的时间。想象力丰富、热爱思考也是性格内向的孩子的优点，他们可以通过这些优势成长得更快更好。家长只要注意避免孩子走极端就可以了，千万不要为了改变孩子就强硬地要求他们，这样反而会影响他们正常的成长发展。

 ## 给行动迟缓的孩子充分的思考空间

一位家长反映，自己家的小孩行动能力特别差，家长让他去做某件事情，他总是要思考很长时间才肯去做，而且磨磨蹭蹭，很耽误工夫。

有时家长想要给他提供一些帮助，可是孩子又不喜欢别人的干涉，这时候家长会感到很不解，孩子为什么会这样固执呢？

宁宁是一个四岁的小男孩，他非常热爱思考。比如他看到小花小草，就会蹲在花花草草旁边，认真地思索起来："为什么花儿是红色的，小草却是绿色的？"妈妈还以为宁宁在发呆，总是会打断孩子的思考："宁宁，我们回家了！"

有的时候，妈妈发出指令给宁宁："宁宁，你去帮妈妈把桌子上的黄瓜拿来！"宁宁兴冲冲地跑去拿黄瓜，可是当他看到黄瓜的时候，伸出的小手却突然缩了回去，然后就陷入了思考中："黄瓜为什么这么刺手？会不会伤到我呢？我要怎么把它拿起来呢？"正在孩子思考之际，妈妈有些不耐烦了："宁宁，你在干什么？快点儿快点儿！"可是孩子还是犹犹豫豫不敢下手，妈妈只好过去帮忙，可是宁宁却制止了妈妈的帮助："我可以，我可以……"妈妈觉得好奇怪，孩子为什么磨磨蹭蹭，很简单的问题要思考这么长的时间？

有的时候，宁宁也会因为思考过多而表现得行动迟缓，比如他会因为做一道题目而陷入反复的纠结状态。

其实，孩子行动迟缓是有原因的，首先与他们自身身体机能的发展有直接的关系。孩子年龄小，他们的身体发育还不完善，所以在行动时就会出现大脑和身体不协调的情况，这时候孩子需要思考和锻炼，只有反复不断地练习，他们才能逐渐掌握行动技巧。当然随着孩子的成长，他们的身体机能逐渐成熟，认知世界的能力也得到了提高，这些问题就不存在了。所以，家长没有必要为此担忧，顺应孩子的成长即可。让他们有充足的时间去思考和锻炼，随着孩子身体各项机能的成熟和行动的熟练，他们慢慢就会变得行动敏捷，思维反应快了。

孩子行动迟缓的第二个原因，是因为他们拥有超强的好奇心，对一切未知的事物都有着强烈的兴趣。但是因为孩子认知世界的能力还不完善，他们总是会认为未知的、不了解的事物都是不安全的，所以在他们了解之前都会进行探索发现的工作，等确定是安全可行的才去行动。

孩子之所以行动慢，还有一个原因是，大人对孩子发出的指示不明确，孩子不能理解其目的，不知道具体的步骤，不知道应该采取什么样的行动去完成，所以孩子就可能在实施的过程中出现混乱、目标不明确的情况，进而影响他们的思维速度和行动效率。

另外，因为孩子需要付出时间和精力去思考、锻炼，而孩子的时间概念并不清晰，他们或许认为自己所用的时间很短，但是在家长看来，就是非常漫长了。家长会担心孩子是不是有什么问题，总想着去帮助一下孩子，但是这个时候孩子正在进行自己的思考，非常不愿意有人去打扰他们，所以可能就会拒绝家长的帮助。

家长在了解到孩子行动迟缓的原因后，应当采取有效的措施引导孩子。首先我们应该知道，孩子爱思考，这并不是坏事，应当允许他们进行独立的思考，并且不要去打断他们，否则孩子下次再建立起思维线索就会变得困难。其次，家长可以适当引导孩子去思考，很多时候孩子想问题都是天马行空的，可能会陷入无边际的幻想之中，当家长发现孩子的注意力已经开始分散的时候，可以通过询问孩子的方式加以引导，比如问"你在想什么呢？"这个时候由于孩子思考不出答案，是非常愿意把想法提出来的，家长就可以顺应孩子的思路，提供可靠的帮助，促使他们继续思考。再次，孩子需要有效率的行动。当他们能够进行积极思考时，家长在给孩子提出指令的时候，切记不要含混不清。假如发出的指令不明确，孩子接收到的信息不清楚，就会影响他们思考和行动的速度。复次，家长要锻炼孩子的行动能力，也要注意培养孩子的时间观念，让孩子从小就懂得珍惜时间，对时间概念有一定的认知。最后，爱思考、行动迟缓的孩子在接触不熟悉的事物时容易产生恐惧感，这需要家长给孩子建立起足够的自信心。而父母平时对孩子的关爱和照顾往往能够强化孩子的自信心。所以家长鼓励孩子多去探索、去尝试，有助于孩子在面对陌生的事物时去除恐惧感，变得勇敢、有信心。

总之，孩子需要足够的自信心和时间，而家长需要做的就是给孩子关爱和耐心等待，让孩子顺应自己的成长节奏，去锻炼自己的思考能力和行动能力。

 ## 增加孩子的抗挫能力，学会承担才能成长

现在绝大多数孩子都生活在物质条件相对较好的环境里，很少吃苦，遇到的困难也少了很多。随着孩子的不断成长，他们总会遇到一些困难。可是在优越环境中长大的孩子，心灵是比较脆弱的，他们往往承受不了打击，抗挫折能力不强。因此，家长仅仅在思想上对孩子进行教育是不够的，还应当让孩子切身体验。这样他们才能学会承担责任，增强抗挫折能力，才能真正长大。

落落出生在一个幸福的家庭里，父母都很爱护他，对他的照顾也是无微不至。落落听话懂事，有很好的自律习惯。但是落落最大的缺点就是害怕困难，遇到挫折就想要逃避。比如爸爸教落落学骑自行车，开始的时候落落信心满满，可是当自己试着骑行的时候，发现怎么也学不会掌握平衡，落落有些气馁，一气之下就不想学了。爸爸的性格很好，温和地对他说："孩子，你遇到这么点儿困难就想着逃避，以后会遇到更大的困难，还怎么办？"落落思考了一会儿，说："好吧，我再试试看。"然后继续学习，后来在父亲的不断鼓励下，落落终于学会了骑自行车。

落落上小学后在自己的一篇作文中提到了这件事情。他说小的时候是父母教他学会了在困难面前不低头。只要敢于面对就没有什么困难是克服不了的。他也是从这些事情当中渐渐学会了要承担责任。

有许多家长总是害怕孩子吃苦，对他们娇生惯养，导致孩子在生活中遇到困难的时候，一点儿抵抗挫折的能力也没有。他们不是逃避、放弃，就是寻求父母的帮助，而父母看到孩子遭遇挫折时束手无策的情形，总是想方设法替孩子解决困难。在这样的环境下，孩子渐渐养成了依赖父母、畏惧困难，以及不懂得担当的坏毛病。父母的娇惯无异于害孩子。孩子内心毫无责任感，被享乐主义思想充斥着，等到他们必须要一个人面对时，才发现自己毫无应对能力。这个时候孩子一定会悔恨，同时也会抱怨父母，没有给他们机会学着去担当和承受，去经受挫折和困难的考验。

父母都应当具有忧患意识。因为父母不可能永远陪在孩子身边，替孩子处理大大小小的麻烦。孩子总会长大，总是要自己去面对生活。如果家长能够在孩子小的时候就让他们自己面对困难、承担责任，他们以后再遇到困难的时候，就不会害怕，还有能力自己去解决。

如同案例中的落落，在遇到一些困难的时候，他的父亲教导他要勇敢面对，而不是选择逃避，这样的教育方式就是可取的。当孩子能够意识到，有很多事情必须要依靠自己才能解决时，他们才会激发出潜能，将困难一点点地克服掉。在这一过程中，孩子也摆脱了依靠父母的心理，他们会不断地告诉自己："必须要坚强，这些小困难都不算什么，自己有能力去应对。"这是孩子成长的一笔财富。因为他们看到了一个更坚强更独立的自己，而不是那个软弱、只会寻求帮助的自己。这种满足感还能给孩子带来一定的安全感，因为他们意识到自己已经具备了一定的能力，可以很好地保护自己。在不断的成长中，孩子慢慢就能很好地适应环境，学会承担责任。

不过，家长在培养孩子抗挫能力的同时，也应当注意一些细节问题。比如有的时候，孩子对周围的环境认识还不全面，他们还不能够判断自己是否有能力去处理好，这个时候家长就应当教会孩子运用智慧去思考问题，根据困难的难易程度来进行分析判断，教导他们遇到自己处理不了的困难时一定要懂得寻找帮助，而不要自己一个人面对。孩子的心理承受能力是有限的，当他们遭遇失败后，心理的落差会很大。他们会错误地否定自己，认为自己的能力很弱，下一次再发生同样的情况，就会选择逃避。所以家长要注意，孩子的抗挫能力应当是一点点去提高的，要遵循循序渐进的原则。

家长还要注意，在孩子克服困难的时候，家长要放手让孩子自己去处理，而不是时不时地提醒或伸手帮助。否则就等于告诉孩子——我担心你，我怀疑你的能力，这样孩子在面对困难的时候，也会产生质疑，对自己失去信心。而且父母的不断提醒和帮助，很容易动摇孩子的毅力，他们会觉得自己还有退路，克服困难的决心就会降低很多，成功的概率也就缩小了。所以，家长应当给孩子充分的信任，孩子在面对困难的时候才能义无反顾，他们的成长速度也会更快。

还有一点，孩子在克服困难的过程中，总会遇到一些问题。当他们信心不足或是遭遇失败的时候，常常会来向父母倾诉自己的委屈，而这个时候家长给孩子一些适当的安慰是可以的。这样能增强孩子的信心，让他们获得必要的安全感，从而有勇气再去面对。当然，家长也要给孩子批评和建议，孩子才能总结经验，不断提高自己的抗挫能力。

Part 12
满足孩子的心理需求，让好习惯陪孩子健康成长

换个角度，从异常习惯中感受孩子的心理

在成长的过程中，很多孩子会出现一些异常习惯，比如爱搞破坏、咬指甲，喜欢把东西放在固定位置等。家长可能不知道，在这些异常习惯的背后，其实隐藏着的是孩子内心的需要。

三岁的小魏有爱咬指甲的习惯。开始的时候，小魏妈妈每次没有注意到，后来才发现孩子常常趁家长不注意的时候咬自己的指甲玩。小魏妈妈每次看到了就去阻止，可一段时间后孩子还是这样。小魏妈妈的好朋友是儿童心理医生，据医生说孩子有这样的表现或习惯，可能是因为孩子的内心缺乏安全感导致的。有的孩子会通过吮吸手指来获得满足感，也有的孩子会通过拽衣角、抠手等来满足心理需要，这些都是因为孩子的内心感到孤独和不安才会有的表现。而家长平时不太关注孩子，他们习惯了用这样的方式弥补自己的心理需要，就慢慢养成了不良的习惯了。

从这个案例中，我们知道了孩子养成异常习惯的原因，是因为他们的心理要求没能得到满足，所以孩子会通过一些特殊的行为去平衡内心的需要。当孩子依赖某一种行为去满足自己的时候，就会在不自觉的情况下养成习惯，而这些异常习惯对于孩子的身心健康很不利。

通常，当孩子在感觉不安的时候，他们会出现异常行为。比如孩子处在陌生的环境中，和不熟悉的人待在一起，这时孩子就会感觉到不安。有的孩子会表现出来，寻求大人的帮助；有的孩子表现不明显，他们会通过小动作来缓和自己的情绪，使得内心的不安感转移到行为动作上去。

孩子经常出现不安的感觉，与父母给孩子建立的安全感不足有关。当父母在照顾孩子的时候，孩子发出需求，而父母不能及时给孩子回应或满足，就会让孩子感到不安；父母较少时间陪伴孩子，会加剧孩子的不安感；父母的批评指责会让孩子觉得自卑，不安感也会滋生；平时父母不太善于观察孩子，忽略孩子的积极表现，孩子没有得到及时的肯定，他们会认为自己是不受关注的，误以为父母不爱自己，也会因此产生不安意识。除此之外，还有很多导致孩子感受到不安的情况，家长应该注意避免。可以总结为一条，就是家长需要更多地陪伴和关心孩子，让孩子能够感受到快乐和满足，不会有太多感受孤单、寂寞的机会，这样孩子出现异常行为的可能性就会降低，自然便不会养成不好的习惯。

除了不安，孩子在感觉恐惧时也会出现一些异常行为，比如怕黑、恐高、密集恐惧等。这个道理和缺乏安全感一样，当孩子的个人承受能力还相当有限的时候，他们被迫或是在无意识的状态下遭遇了令自己恐怖的事情，孩子的内心会感受到前所未有的紧张和恐慌。他们不能很好地调节这些不良情绪，就会用特殊的行为来缓解紧张感。孩子将注意力转移到了别的事情上，内心的恐慌感就降低了，当他们下次遇到同样的感觉时，就会条件反射般地选择同样的行为来缓解自己的情绪，慢慢地就会养成不良的习惯。所以，家长要尽量给孩子创造舒适、愉悦的成长环境，同时，也要善于观察孩子。当发现孩子处在紧张、恐惧状态时，一定要及时带孩子离开或是想办法引导孩子摆脱恐惧感，防止他们因为恐惧而产生影响心理健康的疾病。

另外，孩子在成长的不同时期，会进入特殊的成长敏感期，比如当孩子四岁以后进入秩序敏感期，他们会有一些奇怪的习惯，喜欢把玩具、物品放在固定的位置，如果有人随意打乱了位置，他们就会爆发小情绪。这其实也是孩子认知的一个过程，当他们渐渐对周围的环境有了清晰的认知，这些习惯自然而然就会消失了。所以家长发现孩子有这样一些奇怪的行为或是习惯的时候，应当理解孩子，而不是怀疑和嘲笑。只有顺应孩子的成长发展，满足他们的心理需要，才能避免孩子出现不良行为。

除以上这些外，还有很多导致孩子养成坏习惯的因素，这些就需要家长在平时的生活中不断观察，根据孩子的特点进行导正。最重要的一点就是，要及时发现孩子真正的心理需要，并给予满足，这样孩子就不会患上心理方面的疾病。另外，家长还要引导孩子培养健康良好的习惯，让孩子快乐自由地成长！

孩子的成长敏感期

根据意大利著名的儿童教育学家蒙台梭利的研究，孩子普遍在六岁前会进入不同的成长敏感期。以下是一些可能会导致孩子行为习惯发生变化的敏感期，希望对家长有所帮助。

动作敏感期	0～6岁	这一时期，孩子非常好动，因为这样他们的肢体运动才能趋于正确与熟练；当孩子学会走路以后，行动会更多，以促进左右脑得到均衡的发展
对微小事物感兴趣的敏感期	1.5～4岁	在这一时期，孩子对细小的事物会非常感兴趣
秩序敏感期	2～4岁	在这一时期，孩子需要一个有秩序的环境帮助他们认识和了解事物，一旦他们熟悉的环境发生改变，他们就会很烦躁
社会规范敏感期	2.5～6岁	孩子从两岁半开始，喜欢结交朋友，喜欢和小伙伴一起活动

维护孩子的童趣，给娇嫩的小花更多养分

孩子总是天真快乐的，因为在他们的内心世界里，装的都是简单、纯洁的事情。家长要守护孩子的这份快乐。如果孩子能有一个五彩斑斓的童年时代，对他们以后的生活、工作都会有非常积极的意义。这一时期，如果孩子能够养成良好的习惯，获得健康的心理，能让孩子受益终身。

媛媛从三岁开始，每年的圣诞节都能收到一份礼物，每样礼物都用漂亮的包装纸包着，里面有她喜欢的玩具和图书。每次收到礼物媛媛就会特别开心，然后好奇地问爸爸妈妈："是谁送这些给我的呢？"爸爸妈妈和大多数父母一样，给孩子讲了一个圣诞老人半夜乘坐雪橇送礼物给孩子的故事。媛媛年龄还小，她很自然地相信了爸爸妈妈的话，心里幻想着这位素未谋面的圣诞老人到底长什么样。

随着孩子慢慢长大，她渐渐懂得了很多事。有时候遇到圣诞节前没有下雪，媛媛会特别着急地对爸爸妈妈说："外面没有雪，圣诞老人的雪橇怎么走呢？圣诞老人会不会不来了？"为了打消孩子的顾虑，爸爸妈妈就安慰她说圣诞老人一定会来的。媛媛的好奇心很强，她很想要看一看圣诞老人的样子，于是就恳请爸爸妈妈："圣诞老爷爷来了的时候，一定要叫醒我！我想当面谢谢他。"爸爸妈妈为了不让孩子失望，就答应媛媛说："宝贝，圣诞老人来了的时候，我们一定会替你转达谢意的……"就这样，媛媛伴随着美好的愿望和想象，幸福地成长着。

媛媛上了幼儿园，听到很多小朋友说圣诞老人其实是父母假扮的，开始她并不愿意相信，但是慢慢也接受了这个事实。但是，媛媛非常感谢她的父母，让她度过了一个粉色温馨的童年。媛媛更加爱自己的父母了。

在童年时代，孩子们会经历很多很多有趣好玩的事情。他们能从这些事情中获得快乐和满足，心理上的满足感能够促进孩子的身心健康发育。每一位家长都有责任给孩子营造一个快乐的童年时代。这就要求家长要善于发现孩子的心理需要，维护他们的童趣。

首先，孩子的好奇心非常强大，他们对任何事物都充满了兴趣，想要去探索和发现。这时候家长要做的事情就是在一旁默默地守护和观察，让孩子有足够的时间和空间去探索自己想要知道的事情，满足他们的好奇心。当孩子的心理愿望得到满足时，他们能够获得快乐。这些快乐的感觉中有成就感和对自己的自信心，能让孩子更乐观地去迎接美好的生活。孩子对外界的兴趣，很大一部分是想要探知人们之间的相处关系，比如他们想要知道父母对自己的关爱，就会对关爱有要求。这就需要爸爸妈妈为孩子提供一些帮助。孩子在这样的帮助和相处之中，能够满足对关爱的需要，他们也能够学会给予别人关爱，给予别人尊重。

其次，孩子在不断成长，他们会养成很多的习惯，有生活习惯、兴趣习惯等。总是拥有好情绪的孩子能够在好的心理暗示作用下养成积极健康的优秀习惯，而坏的暗示就会让他们染上坏习惯。所以家长要给孩子营造舒适的环境，让孩子总是能够保持舒缓的好心情。这对他们习惯的培养也是很有帮助的。

孩子的心灵其实是非常脆弱的，他们很容易会因为不美好的事物感到伤心难过。因此父母需要扮演好自己的角色，给孩子提供强大的心理依靠，这将是孩子获得安全感的重要来源之一。

此外，孩子应当有自己的活动小天地。他们的活动范围得到扩大，就能接触到更多不同性格的同龄人，跟他们成为朋友，还能促进孩子交往能力的提高；让孩子探索更多新奇好玩的事情，这也会扩大他们的认知范围。这样能让孩子能够更加全面、清晰地认识事物，促进他们的智力发展。

每一个孩子都是不同的，他们的成长经历也不完全相同。所以在孩子的童年时代，家长应当最大限度地尊重孩子的天性发展，给他们自由的空间去完成成长任务。家长不要总是因为担心而阻挠他们，给孩子的成长造成阻碍。很多家长会觉得自己的教育方式对孩子是非常好的，就不知恰恰会起到相反的效果。

因此，在孩子成长的过程中，家长不仅要给孩子营造好健康舒适的环境，还要做好满足孩子心理需要的工作。孩子的好奇心和对爱的需求是第一时间需要得到满足的，进而家长要思考孩子对自由的需要。家长能够做到给予孩子恰当的满足，并科学地引导孩子培养优良习惯，相信孩子就能够充实有意义地度过快乐的童年时代。

 ## 养成热爱运动的好习惯，让孩子德智体美劳全面发展

每位家长都希望自己的孩子拥有健硕的身体，也希望孩子能从小培养起运动的好习惯。这样孩子们才能够迎接生活中的各种考验，在各种历练中得到全面的成长和发展。孩子拥有健康身体，并且培养坚持运动的好习惯，需要积极的引导和鼓励。

李树是学校的篮球运动员，他对篮球运动非常痴迷，每天都会练习投篮。一段时间后，李树的投篮技巧不仅得到了很大的提高，而且身体也非常壮实，身高也是突飞猛进。大家都问他为什么能够做到每天都坚持锻炼，李树笑着回答道："因为我身体好呀，而且我非常喜欢打篮球，喜欢在篮球场上挥洒汗水的感觉……"

大家听了李树的回答，看到他特别自豪的样子，也纷纷想要参加运动。于是他们选择各式各样的运动项目，还立志要像李树一样坚持锻炼，养成热爱运动的好习惯。一段时间后，有的同学坚持下来了，并且也养成了参加运动的习惯；可是有的同学随着运动热情的消散，运动量逐渐

减少了，也没有养成运动习惯；当然也有的同学在半途中因为坚持不下来就放弃了。

从以上这个案例中，我们看到有很多孩子是非常热爱运动的，并且养成了很好的运动习惯；也有的孩子只是因为一时的热情，跟风参与运动，但是并没有养成习惯。这些都是现实生活中普遍存在的情况。我们知道，强健的身体离不开坚持锻炼，孩子的身体正处在成长发育的阶段，他们更加需要培养起热爱运动、坚持锻炼的良好习惯。可是孩子为什么不爱运动，为什么不能坚持运动和锻炼呢？我们来简单分析一下原因。

首先，与孩子个体的身体状况有关。有的孩子体质偏差，他们不爱参加运动，而喜欢静止的状态。对于这些孩子，他们其实更加需要锻炼。俗话说，"生命在于运动"，只有锻炼起来，身体才能形成好的新陈代谢，自然有助于身体健康。有的孩子还可能有先天的疾病，这样的情况家长就要注意在日常的生活中给孩子补充必要的营养，比如吃丰富的营养餐，注意维生素及其他人体所需营养成分的补充，还要培养孩子好的饮食习惯。在保证了孩子身体机能正常的情况下，让孩子适当地进行体能锻炼，然后一点点地增加运动量，这样的方式可以很好地增进孩子的身体健康，还能培养起良好的习惯。

其次，与孩子的活动范围有关。现在大多数家庭都生活在单元楼里，他们的活动范围有限，再加上父母平时比较忙，所以陪伴孩子参加运动的时间就很少，因此很多孩子没有培养起爱运动和坚持锻炼的习惯。对于这种情况，家长平时应该多抽出时间来陪孩子参加运动，并且最好是能坚持锻炼，比如坚持早起到公园晨跑，带着孩子参加体育运动，在丰富业余生活的同时培养孩子的好习惯。

再次，是因为孩子不感兴趣。有很多体育项目是非常适合孩子参加的，比如跑步、跳绳等。适当的运动量能满足孩子成长发育的需要。有的孩子不喜欢运动，其实只因为孩子没找到体育运动的乐趣而已。有的孩子接触到的运动项目有限，有的孩子在尝试过运动后，感觉有些疲惫，这些情况都会让孩子对运动产生一定排斥感。而家长要做的就是让孩子能够接受适当的运动，既保证孩子不会感觉累，又能很好地激发孩子喜欢运动的热情，让他们自主地养成坚持参加锻炼的习惯。另外，家长需要让孩子知道参加锻炼的好处，只有当孩子从心里接受了，他们才愿意去尝试和参与。

当然，大多数情况是这样的：孩子刚开始参加运动的时候非常有热情，各项锻炼都非常积极，可是一段时间过后，随着热情的消散，参加运动的热情也没有了。孩子对事物保持三分钟热度是很正常的，问题出在父母没有很好地引导好孩子。在孩子对运动非常有热情的时候，家长要注意不要让孩子一次过分地消耗热情，避免因为过分满足孩子的心理需要而提前使得热情减退。比如孩子非常喜欢打乒乓球，在一天当中不断地要求和家长练习，这时家长就要做到合理引导，可以在满足了孩子的运动量之后，告诉孩子明天再锻炼，并且答应会教给他们一些新的技巧。这样家长就做到了很好的引导工作，孩子能够将热情维持得更长久一些。对运动的好奇和期待能够在潜移默化中影响孩子的情感，孩子会不断地对其产生兴趣和热情，在这个过程中自然也能慢慢培养起好的习惯。

最后，多数孩子会出现自控能力差，毅力不坚定的情况。比如孩子在锻炼的时候，感觉累了、疲惫了，就不去锻炼了；或是兴趣弱化了，遇到一些天气，赖床等原因，也没能坚持。这时父母的鼓舞和肯定对孩子来说是非常重要的。父母可以对孩子坚持锻炼之后发生的积极变化进行肯定，比如，"你每天参加锻炼，现在好像又长高了一截！"孩子在得到心理满足的同时，也能够继续对参加锻炼产生积极性，他们就有动力坚持下去了。同时，父母积极的暗示也能促使孩子的心理发生变化，比如"坚持就是胜利"等，让孩子更加有信心克制自己的惰性，养成热爱运动、坚持锻炼的好习惯。

适合孩子的体育锻炼

年龄	适合孩子的体育锻炼
3~7 岁	球类运动，攀爬，跑步，滑轮等
7~10 岁	游泳，跳跃，滑冰，骑自行车等
10 岁以后	以上全部，并可以提高要求

 ## 培养孩子的金钱观，让孩子养成合理的消费习惯

现在，孩子生活在物质条件很好的环境里，并且能被父母、爷爷奶奶精心地照顾着。很多家庭的经济条件很好，大人也会将一些钱拿给孩子支配。有的孩子能够比较合理地使用，养成良好的消费习惯；也有的孩子则可能出现铺张浪费的毛病。一位母亲是这样教自己的孩子理财的：

孩子从五岁开始能够得到零花钱，但是在给孩子零用钱之前，我和他进行了约法三章：每周固定在某一天发放固定数量的零用钱，数额随年龄增长和其他外部客观条件增加；孩子可以自由支配三分之二的零花钱，另外的三分之一必须要存进储蓄罐里。这样的条件看似有些苛刻，不过孩子的必需品，比如衣服、鞋子、食品、学习用品等都由爸爸妈妈提供，所以孩子还是欣然接受了。

这样，孩子那三分之二的钱就可以花在很多有用的地方，比如买一些书本、送同学小礼物等。孩子存钱和消费的习惯一直被培养得很好，他也很少有乱花钱的时候。有一次，孩子看见一个非常时髦的小玩具，但是这个玩具的价格非常昂贵，孩子想要买下来，于是就问我："妈妈，我可以买这个吗？"我的回答是："当然，你自己有钱。"结果，孩子思考了一会儿，放弃了购买的想法。后来我问他为什么放弃，他说用自己辛

辛苦苦攒下来的钱去满足一个不切实际的想法有些不值得，应该把钱花在更有意义的地方。听到孩子这样说，我欣然地点点头。

培养孩子正确的金钱观很重要，首先，现在的孩子生活在一个商品信息多、变化快的环境中，他们的分辨能力并不强，而且自制力也相对较差。如果家长只给了孩子支配金钱的权利，却不教给他们如何消费，这样很容易让孩子养成铺张浪费的习惯。尤其是在金钱方面，使用不当甚至会影响他们价值观的建立。其次，现在在很多青少年身上出现了盲目攀比、追求高消费的现象，不仅扭曲了正常的人际交往，还给家庭经济增添了负担，实在是很不应该。最后，孩子生活在养尊处优的环境里，他们不知道父母赚钱的艰辛和家庭支出明细，所以会出现不珍惜钱财的情况。除此之外还有其他方面的原因，这些都会导致孩子养成不好的消费习惯。所以，家长应当帮助孩子树立正确的金钱观念，传授孩子合理的消费方式。那么家长要如何做呢？

首先家长应当让孩子了解家庭的收入和开支情况。孩子到十岁左右时，家长可以和孩子举办一个家庭财务会议，把全家的收入和支出情况告知孩子，这样孩子才能够体谅家长，不会无节制地要求家长满足自己的欲望；同时家长需要告诉孩子这是家庭的机密，每个人都有保密的责任，不能泄露出去，否则就不能再参加家庭财务会议。

其次，要让孩子理解父母赚钱的艰辛。比如一位家长是这样做的：他带着孩子去做义务活动，活动内容是帮老人卖报纸。老人用低价买回报纸，他要辛辛苦苦地摆出来售卖，而除了购买报纸的本钱之外，所得的利润很少很少。孩子在这样的体验中感受到了父母赚钱的艰辛，所以更加懂得节俭。同时，孩子看到父母通过劳动获得回报，他们也会思考，自己应该通过帮助父母做力所能及的家务来减轻父母的负担，能够很好地和父母相处。当然，孩子还会自觉地克制自己的欲望，并要求自己合理利用金钱。

再次，家长要培养孩子节俭的美德。家长单纯地制止孩子消费是不可取的，应该让孩子知道，节俭是传统美德，每个人都要继承这一传统，并且这样做能够获得好评。赞美和夸奖往往能让孩子的心理得到满足，他们就可以要求自己勤俭节约，养成好习惯。

最后，家长一定要教给孩子抵制诱惑和客观辨别事物的能力。广告的威力是巨大的，孩子客观分析事物的能力普遍偏弱，他们会陷入跟风消费的误区中。家长应当培养孩子合理的消费习惯，根据自己的财务状况消费，而不是盲目地跟风，造成浪费。

此外，家长还应当注意区分孩子的需求是否合理，这里可以遵循一个原则，就是根据客观实际和孩子的心理需求相结合的方式来作判断。比如孩子已经有了某个学习工具，但是他出于攀比心理，觉得自己的不如别的同学的好看、昂贵，想要一个新工具，对于这些不合理的要求，家长就可以不予满足；再比如孩子想要购买一件小礼物送给伙伴，以表示友好，家长则可以满足。

从小给孩子树立正确的金钱观，培养合理的消费习惯，孩子一生都将受益。

如何合理分配孩子的压岁钱？

方法一	制作收支预算表	专门为孩子准备一个笔记本，将孩子每年每笔收入的压岁钱都记录下来，也要把支出记录清楚。这样孩子就能够一目了然地知道自己的压岁钱都花在了什么地方，同时也能养成做事细致、认真的习惯
方法二	投资"孝心"和"爱心"	孩子将压岁钱花在自己身上，只是满足自身愿望的一种形式。家长可以帮助孩子拓宽一些渠道，比如让孩子将压岁钱用来在过节时给爷爷奶奶买礼物，表达孝心；还可以将一部分压岁钱拿来捐赠，让更多的人得到帮助。当然还有其他形式，这实际上也是在满足孩子的心理需要
方法三	家长和孩子合作投资	随着生活质量的提高，现在很多孩子的压岁钱是一笔可观的数目，家长完全可以和孩子合作，比如用来购买保险，或者储蓄起来留到以后升学时使用

满足孩子的好奇心理，让孩子体会改变世界的乐趣

每个孩子都是好奇宝宝，他们有着很强烈的行动欲望，想要去探索世界、发现未知。家长会看到，孩子总是不停地探索，有问不完的问题，有时连大人都应接不暇。于是家长会问，如何才能满足孩子的好奇心理呢？

慧慧是一个五岁的小女孩，她非常聪明、活泼。每天慧慧都会产生很多疑问，比如："妈妈，为什么花朵是红色的，树叶是绿色的？我可以在图画本上把花朵涂成紫色吗？树叶涂成黄色，可以吗？"妈妈微笑着说："当然可以了，世界是五彩斑斓的，你看月季花是红色的，牵牛花就是紫色的啊；树叶在夏天的时候是绿色的，到了秋天就变成黄色的了。所以，你的想法是对的！"慧慧听了，特别满意，按照自己的想法开始着笔……

随着孩子慢慢长大，他们会通过感官来对外界形成认知，他们会用自己的眼睛、四肢去探索周围的一切，因此孩子们就会表现出对什么事物都很感兴趣的样子，有时还会用不停地动、不停地问的方式表达自己的好奇心，这些都是非常正常的事情。家长应当知道，这是孩子成长的需要，他们强烈的好奇心代表了对环境的认知欲。如果孩子对什么都不好奇，反而不正常。只有好奇心才能促使孩子去认知、感受，他们的成长才能更快一些，才能去改变世界。

有的孩子对任何事物都具有强烈的好奇心，他们有时会表现得很好动或是很爱问为什么。有的家长在感到烦恼的时候，常常会忽略对孩子的引导，或者是用错误的方法应对，这往往会打击孩子的求知欲。

天天是一个四岁半的小男孩，这天他看到家里的隔板上挂在一个漂亮的装饰物。他站在悬挂的装饰物下向上看，上面有一些闪闪的东西，

他很好奇那些是什么图案，于是试图踮起脚去够。可是由于天天的个子太矮了，他怎么也够不到悬挂着的装饰物。这时，天天看到旁边有把椅子，他露出了微笑，便朝着椅子走过来，好像是要把椅子挪到装饰物那里，借助椅子把装饰物弄下来看个究竟。

就在这时，天天的妈妈出现了，过去一把把天天抱了起来，并说道："想要够着这个吗？爬椅子太危险了！"天天在妈妈的帮助下，终于亲手把悬挂的装饰物取了下来，他看到了装饰物上是一些很可爱的卡通形象和亮晶晶的贴纸。但是，天天的心里还是有些失落，伴随着的兴奋感也消失了……

是的，孩子探索的欲望需要得到满足，但是家长一定要注意用正确的满足方式，否则就容易破坏孩子的探知欲望，给他们的行动造成阻碍。很多时候家长可能没有注意到，孩子的好奇心有时只是这个探索发现的过程，而不是结果。在知道了这些后，家长要使用正确的方式帮助和引导孩子，不要随意给孩子的探索造成阻碍。同时，孩子满足自己求知欲的过程需要不断地进行尝试，因为任何的探索发现都是通过自身实践得来的，这样的经历往往也能给孩子留下更加深刻的印象，对孩子的顺利成长有帮助。

那么，如何满足孩子的探索心理和求知欲望呢？

首先家长要激发孩子对事物的好奇心。比如给孩子展示一个漂亮的玩具，他们就想要看一看、捏一捏；给孩子一把工具，他们就会想着如何使用；孩子看到父母做家务，他们就会想要参与进来。这样孩子的兴趣就被激发出来了，但是家长要注意，让孩子主动地去探索，这样的效果往往更好。在孩子探索、尝试的过程中，孩子的兴趣点不是唯一的，他们常常会被好几个感兴趣的事物所吸引，所以有时也会因为注意力不专注，产生的好奇心很快就消失了。这时家长要注意找到孩子最感兴趣的事物，并引导孩子把注意力集中到这一点上来，这样他们才可以按照欲望的强弱来不断满足好奇心。同时孩子学到的东西也会增多，而不是捡了芝麻丢了西瓜，空有好奇心而无所获。

良好的学习环境是孩子所需要的，在温馨、舒适，具有浓郁的学习氛围中探知，满足好奇心，是孩子顺利成长、进步所需要的。家长可以陪同孩子一起学习、看书、画画、讨论问题，这样的氛围最能激发孩子的探知欲望。孩子也能在耳濡目染中向父母学习，去尝试创造和改变，体验其中的乐趣。

大自然是孩子最好的活动场所，孩子的活动空间不应局限在家庭或学校这些单一的环境中，他们应当走进大自然，从自然环境中获得更多知识，培养更丰富的兴趣。所以家长完全可以借助自然环境触发孩子的好奇心。孩子通过最原始、最真实的自然环境，也能获得很大的满足感，同时还能加深对事物、环境的认识。

家庭环境如何布置，才适宜孩子潜能的发展？

活动区	布　置
门口	孩子一到家，就可以在入口处受到欢迎，入口处装饰有植物、悬挂的纺织品、挂满孩子艺术作品的隔墙和当天事件的日程表
工作区	家长可以在家里建立几个工作区，可以有单独学习和思考使用的场所，也可以有集体活动的空间。可以用地毯、孩子的艺术作品、植物装饰房间，满足孩子不同的需要
贮藏区	可以将需要储藏的物品分门别类地放好，摆整齐。可以摆放一些家庭橱柜、收纳盒、纸箱子等。可以让孩子亲自动手整理，更加清楚地了解行动的过程
展示区	为了避免造成视觉负担，可以在固定的空间里装饰一些孩子的艺术品、团队活动的照片，让孩子一看到就能回忆起美好的画面
图书区	家庭参考资料、文学作品、工具书、书刊都可以摆放在这个区域，以供孩子和家长翻阅使用
休闲区	摆放舒适的沙发、座椅，孩子可以坐着阅读、玩游戏、参加活动
活动区	可以划分出单独的一个空间，允许孩子在这里表演节目、唱歌、跳舞，进行运动等

给孩子创造成功的机会，帮助孩子实现自我认可

很多家长说，孩子非常喜欢听到大人给他们肯定的评价，在得到赞美和欣赏后，孩子能够更努力地去学习和生活。

据一位家长说，他的孩子可可非常聪明，而且热爱表演。可可喜欢唱歌跳舞，爸爸妈妈就把家里布置成小舞台的样子，供可可跟着视频资料学习。当他想要表演的时候，爸爸妈妈都会特别捧场地为他鼓掌，夸奖可可在哪些地方表演得很出色，这样孩子就更加自信了，也敢于在大家面前表演。一次，爸爸妈妈为可可报名参加学校的会演比赛，开始时可可还有些担忧，怕不能替学校拿到好的名次，不过在爸爸妈妈的鼓舞下，可可变得信心百倍。他每天都会排练自己的舞蹈动作，要求每个动作都做到标准无误。可可的努力有目共睹，他也在这次会演比赛中获得了奖励，这份奖励可谓实至名归。有了这样的成功经历，可可对自己非常有信心，他在向别人做自我介绍时，都会信心满满地加上："我喜欢表演，以后要当一个演员。"

的确，孩子是需要鼓励的，家长的鼓舞往往能够激发孩子的信心，对孩子来说就是对自己的认可。孩子还需要成功的经历，这样他们才能够更加坚定地相信自己，用成功的标准要求自己，不断提高自身能力。

有的孩子不够自信，原因就在于父母给予的鼓励和赞美不够。孩子不够自信，成功的体验少，他们对自己的认可程度不强，自然对自己的要求也不高。习惯是慢慢培养的，这样的环境和氛围，就容易让孩子养成疲沓、随性的性格。而父母如果能经常鼓励孩子，赞扬他们的优点，孩子对自己的认知就会很清晰，他们也能在满足了心理需要的基础上，

对自己提出更高的要求，不断地进步，像滚雪球那样，使得自身的能力越来越强大。

在父母给予孩子肯定的同时，孩子也会相信自己很优秀，有能力胜任眼前的任务。比如爸爸妈妈称赞孩子的字写得很工整，孩子的内心是喜悦的，喜悦感能够为他们带来积极向上的力量。孩子能够想到自己写出来的字会被老师同学看到，因此他们会在潜意识里要求自己书写的时候更加认真、用心，这样他们就能够把字写得更好看。孩子在自我认知中获得了肯定的评价，他们也会要求自己在其他方面表现得更好。所以说，积极的鼓励其实就是让孩子提前感受成功的体验，之后的收获就是很自然的事情了。

另外，家长需要给孩子创造成功的体验。比如说，家长可以让孩子自己的事情自己做，通过自己的劳动来获得成就感和满足感。孩子在这些愉悦的感觉中，能够意识到只有自己付出了努力和劳动，才能收获到自己想要的结果和好评。这样孩子才能够更加努力、不断创造，通过自己的力量不断取得进步。

家长不仅要给孩子肯定和鼓励，还要注意一些细节问题。第一，少和别人作对比。很多家长习惯使用树榜样、举例子的方法刺激孩子的积极性，这种方法有效果，但不一定健康，孩子可能会在强烈要求下取得进步，但是他们的内心是受伤的，他们感觉到的是父母的鄙夷，这其实是失败的体验，并不适合长期使用。所以家长明智的选择还是多鼓励、多肯定，让孩子在不断满足中获得成就感。第二，每个孩子都是不同的个体，家长不要忽视孩子的独特性。有的孩子非常渴望成功的体验，而有的孩子则对成功的渴求不高。所以家长应当审时度势，根据孩子的心理需求对他们提出要求和帮助，让孩子遵从自己的内心需要，去改变和发展，千万不要强迫孩子，揠苗助长，破坏孩子的成长节奏。

根据孩子自身的心理需求，家长可以为孩子创造各种各样的成功机会。可以是人际交往方面的、学习方面的，也可以是自身自信心的建立、抗挫折能力的培养、主动承担责任等。比如，家长可以创造机会，让孩子参加集体活动。孩子敢于走出第一步，他们就能够积攒各种成功的经验，之后就能更有自信去认识小伙伴，提高自己的人际交往能力。对于学习也是如此，当孩子对自己有信心，对知识充满渴望时，他们就会特别认真地吸纳和学习。孩子通过获得知识得到满足感，成功的喜悦能够刺激他们下次更用心地学习，日积月累，孩子的学习能力自然就加强了。

 ## 让孩子认识到好习惯的作用，过程比结果更重要

良好的习惯让人受益一生。相信每位家长都想让自己的孩子从小就培养起好的习惯。可是孩子的成长并不总是一帆风顺，有的孩子还没有意识到好习惯的重要作用，所以总是会出现各种各样的问题。

家家是一个四岁半的小女孩，从小妈妈就训练她如何正确地使用筷子，培养她讲卫生的习惯。吃饭时间到了，妈妈将家家的碗筷摆放在她的面前，教家家如何握筷子，如何使用筷子夹东西。家家很聪明，很快就学会了。妈妈以为教会孩子使用筷子就可以了，结果家家并不注意这些，她吃饭的时候总是会拿着筷子玩，或者拿出一根筷子扎食物，用餐习惯一点儿都不好。妈妈几次纠正，可是她还是不听话。

乐乐的妈妈非常注意孩子习惯的培养，乐乐开始上小学了，妈妈特意给他购买了可调节高度的座椅，他坐在桌子前写作业的时候，妈妈就教他要端端正正地坐好，握笔的姿势要正确，距离书本的距离也保持好。乐乐开始的时候对这些"规矩"很感兴趣，也十分配合，每一项都符合要求，妈妈对乐乐的表现很满意。可是时间久了，乐乐偶尔也会出现坐姿不正确的情况，每到这时，妈妈就会提醒他，乐乐也会按照提醒冲妈妈做个鬼脸："哦，忘了忘了。"然后保持好坐姿。乐乐并不理解为什么

要这样，有时他会觉得靠在椅子上更舒服，这时候妈妈就会告诉他："保持正确的坐姿，以后就不会弯腰驼背。如果养成了不良习惯，以后改正的时候就很困难，而且身体也会受到影响。"听了妈妈的话，乐乐每次都很自觉地要求自己保持好正确的坐姿。

父母帮孩子培养好习惯，是送给孩子最好的礼物。这需要家长从小就在孩子的习惯培养上下功夫。通常父母需要从以下几个方面着手：

第一是生活习惯的培养，包括孩子的饮食、起居、排便、卫生等。起居方面，家长应要求孩子做到按时睡眠、按时起床，避免养成赖床、晚睡的习惯；饮食方面，家长要注意防止孩子出现挑食、偏食的毛病，吃饭的时候注意教孩子细嚼慢咽，养成饭前便后洗手、早晚刷牙、饭后漱口等习惯。在其他方面，父母要根据孩子的年龄特点，适当为孩子立规矩，比如孩子使用完工具或玩具后，必须放回原处，还要培养孩子自己整理书包、衣服、房间的习惯，让孩子从小就意识到独立能力的重要性。

第二是文明礼貌和道德习惯的培养。礼貌实际上反映着孩子的内心修养，也是孩子对自尊和尊重他人意识的培养。父母要教育孩子学习使用文明礼貌用语，如"您好""请""谢谢""对不起""请原谅"等。同时，要注意培养孩子的文明举止，见人要热情打招呼，别人问话要先学会倾听，并有礼貌地回答，保持服装整洁，站有站相，坐有坐相。另外，养成良好的道德习惯，孩子才能和别人友好相处，积极追求美好的事物，自觉遵守社会行为规范，具有高度责任感，将来才能成为社会上成熟可敬的人。

第三是学习习惯。良好的学习习惯对孩子的学习兴趣与学习成绩有很大的帮助，有利于孩子的成长和发展。良好的学习习惯包括自主学习、合作学习、探究性学习。自主学习使孩子对自己所学内容能够积极主动地去探索、专研，并能从中获得满足感和成就感；合作学习对孩子来说也很重要，一个人的力量很小，他们遇到问题依靠自己的力量往往难以解决，和大家一起讨论往往能够得到更多的思路和想法，有利于孩子开拓思路和学习到更多更好的方法；探究性学习对孩子的想象力、思维力的锻炼能够起到很大的作用，有助于孩子全面学习习惯的养成。良好的学习习惯有助于孩子的健康成长，不良的习惯则有害无利，家长要注意防止孩子长时间看电视、玩电脑游戏。此外，父母不要不停督促、命令孩子完成学习任务，这些都不利于孩子学习习惯的养成，家长需要特别注意。

第四是劳动习惯的培养。现在还有很多家长不重视孩子劳动习惯的培养，然而劳动习惯对孩子的成长具有重要意义。一个孩子如果从小能够学会通过自己的力量创造财富，他长大以后也一定是一个积极进取的人。家长培养孩子的劳动习惯，不仅仅是为了让孩子以后有独立生活的能力，更重要的是在劳动的过程中，让孩子能够意识到必须通过自己的努力才能获得成果。付出和收获是成正比的，以后孩子自然而然会给自己提出要求和标准，并自觉要求自己完成。家长可以从小锻炼孩子自己穿脱衣服、学着铺床叠被等习惯，要求孩子自己能做的事情自己做；还要帮父母干些力所能及的家务活，如摆碗筷、擦桌子、扫地、倒垃圾，通过让孩子做力所能及的事情，培养他们的劳动习惯。家长还要教育孩子爱惜劳动成果，尊重他人的劳动成果，提高孩子的德道素养。

最后，父母首先要提高自身素质，以身作则，在培养孩子良好习惯的同时注意坚持，严格要求。孩子养成了好的习惯，受益的时候一定会感恩父母的付出和培养。